花叶用工业大麻
绿色高效栽培技术

刘飞虎　杜光辉　杨阳　邓纲　汤开磊 ◎ 著

云南大学出版社
YUNNAN UNIVERSITY PRESS

图书在版编目（CIP）数据

花叶用工业大麻绿色高效栽培技术/刘飞虎等著.--昆明：云南大学出版社，2021
ISBN 978-7-5482-4205-5

Ⅰ.①花… Ⅱ.①刘… Ⅲ.①大麻—栽培技术 Ⅳ.①S563.3

中国版本图书馆 CIP 数据核字 (2020) 第 224684 号

策划编辑：朱　军
责任编辑：蔡小旭
封面设计：张亚林

花叶用工业大麻
绿色高效栽培技术

HUAYE YONG GONGYE DAMA LUSE GAOXIAO ZAIPEI JISHU

刘飞虎　杜光辉　杨阳　邓纲　汤开磊 ◎ 著

出版发行：	云南大学出版社
印　　装：	云南报业传媒（集团）有限责任公司
开　　本：	787mm×1092mm　1/16
印　　张：	6.5
字　　数：	78 千
版　　次：	2020 年 12 月第 1 版
印　　次：	2020 年 12 月第 1 次印刷
书　　号：	ISBN 978-7-5482-4205-5
定　　价：	39.00 元
社　　址：	云南省昆明市一二一大街 182 号（云南大学东陆校区英华园内）
邮　　编：	650091
电　　话：	（0871）65031070　65033244
网　　址：	http://www.ynup.com
E-mail：	market@ynup.com

本书若发现印装质量问题，请与印厂联系调换，联系电话：0871-64142540。

前 言

大麻（*Cannabis sativa* L.），又名线麻、寒麻、火麻、汉麻等，别名多达10余种，雌雄异株，是大麻科、大麻属的一年生草本植物。人类利用大麻的历史至少有10000年。自古以来，大麻主要被用作食品和纺织原料，近代却被非法利用，因而1961年联合国制定《麻醉品单一公约》全面禁止种植大麻，美国、加拿大、欧洲和中国相继制定并实施了大麻禁种法令。

在20世纪中后期的生产、生活和科学研究中，人们逐渐深入系统地认识到大麻具有不可替代的经济价值、生态价值与社会价值，为了合理利用大麻，提出并逐渐完善了"工业大麻"的概念，即把四氢大麻酚（tetrahydrocannabinol，THC）含量低于0.3%的大麻品种称为工业大麻（industrial hemp）。工业大麻专供工业使用，可以进行规模化种植与工业化利用。20世纪90年代工业大麻品种在欧洲率先育成并推广，工业大麻产业随之在欧盟、加拿大等国实现合法化。我国云南省于2001年培育成功国内第一个工业大麻品种，2003年以后"工业大麻"成为具有明确定义的专业术语，加之相应的政府管理条例的实施和监管措施的到位，工业大麻生产得到良好的恢复和发展。

到目前为止，工业大麻按用途分类，主要有纤维用、籽用和花叶用。其中，花叶用工业大麻主要用来提取除毒性成分THC之外的有益成分大麻酚类（如大麻二酚，cannabidiol，CBD）和其他次生代谢产物，并将其广泛用于医疗、美容和保健等领域。自2014年全球第一家工业大麻花叶提取CBD的加工企业在云南投产以来，以CBD量产为亮点的工业大麻产业发展态势良好，相关的加工生产、产品开发及市场拓展也得到快速发展。云南花叶用工业大麻生产面积快速增长，2019年达到17.4万亩，2020年达20万亩以上。花叶用工业大麻种植规模、CBD提取及产品研制在国际上均起到窗口和示范作用，但由于花叶用工业大麻产业发展历史较短，与之相适应的花叶用工业大麻的种植技术水平亟待提升。为此，云南大学工业大麻科研团队（国家麻类产业技术体系工业大麻生理与栽培岗位科学家团队）基于多年科学试验结果和生产实践经验编写了《花叶用工业大麻绿色高效栽培技术》一书，期望能借此解决目前国内花叶用工业大麻绿色高效栽培技术资料匮乏问题，为解决工业大麻产业原料供应的瓶颈问题提供技术支撑。

  本书内容包括概述、生物学基础、环境条件、栽培技术和病虫草害防治等章节，还包括近30幅主要病虫草害彩图。本书的编写注重科普性、通俗性、实用性和科学性，以适应直接从事工业大麻种植的农民、技术人员及管理人员等主要读者的需要。

  本书共分为5章，第一章"概述"由刘飞虎编写，第二章"生物学基础"由汤开磊编写，第三章"环境条件"由邓纲编写，第四章"栽培技术"由杜光辉编写，第五章"病虫草害防治"由杨阳编写。虽然作者对全书的结构框架、章节设置、内容甄选等进行了多次讨论和修订，然因篇幅所限，不能包罗所有，难免出现疏漏；尽管作者对书稿内容几经斟酌，反复修改，几易其稿，但因水平所限，不妥之处在所难免，由衷希望读者提出宝贵意见和建议。

本书的出版得到"国家麻类产业技术体系建设专项资金（CARS-16-E15）"资助，作者在此表示衷心感谢。

作　者
2020 年 11 月

目　录

第一章　概述 ·· 1
　　第一节　大麻与工业大麻 ··· 1
　　第二节　历史与现状 ··· 2
　　第三节　多用途利用 ··· 8
　　第四节　法规与管制 ··· 12
　　第五节　问题与对策 ··· 15
第二章　生物学基础 ·· 19
　　第一节　形态特征 ·· 19
　　第二节　生育时期及生长发育特点 ··· 23
　　第三节　群体结构 ·· 25
第三章　环境条件 ·· 27
　　第一节　光照 ·· 27
　　第二节　温度 ·· 31
　　第三节　水分 ·· 33
　　第四节　土壤 ·· 35
　　第五节　养分 ·· 38
第四章　栽培技术 ·· 40
　　第一节　品种选择与种植制度 ··· 41

第二节　土壤准备 …………………………………… 44
　　第三节　直播与育苗移栽 ……………………………… 47
　　第四节　田间管理 …………………………………… 54
　　第五节　收获 ………………………………………… 57
第五章　病虫草害防治 …………………………………… 60
　　第一节　病害及其防治 ……………………………… 60
　　第二节　虫害、鼠害、鸟害及其防治 ………………… 66
　　第三节　草害及其防治 ……………………………… 79
参考文献 …………………………………………………… 82
附录1　云南省工业大麻种植加工许可规定 ……………… 89
附录2　彩图 ……………………………………………… 97

第一章　概述

第一节　大麻与工业大麻

一、大麻

大麻（Cannabis sativa L.），又名线麻、寒麻、火麻、汉麻等，别名多达 10 余种，雌雄异株，是大麻科大麻属的一年生草本植物。大麻种有 4 个变种，其中变种 *C. sativa ssp. sativa var. sativa* 为工业用大麻，变种 *C. sativa ssp. indica var. indica*、*C. sativa ssp. indica var. kafiristanica* 和 *C. sativa ssp. sativa var. spontanea* 为药用或吸食用（毒品）大麻。大麻自古以来主要用作食品和纺织原料，近代却被非法利用，因而 1961 年联合国制定《麻醉品单一公约》全面禁止种植大麻，美国、加拿大、欧洲和中国相继制定并实施了大麻禁种法令。

二、工业大麻

工业大麻是大麻中的特定品种类群，其植株任何部分的四氢大麻酚（tetrahydrocannabinol，THC）含量都低于 0.3%，高于 0.3%

的为药品或者毒品大麻（marijuana）。1988年，联合国颁布的《联合国禁止非法贩运麻醉药品和精神药物公约》有关条款明确规定：大麻植株中含THC小于0.3%，已经不具备提取THC毒性成分价值，无直接作为毒品吸食价值，可以进行规模化种植与工业化利用，这种供工业用的大麻品种为工业用大麻。"工业大麻"概念由此产生。20世纪90年代，"工业大麻"的概念逐渐成熟，与之相应的"工业大麻"品种率先在欧洲育成并推广，随后工业大麻在欧盟、加拿大等国合法化。我国（云南）于2001年开始使用"工业用大麻"一词，2003年以后将其改称为"工业大麻"并给出明确定义，从此"工业大麻"一词在中国广泛使用。

到目前为止，工业大麻按用途分类，可分为纤维用、籽用和花叶用，以及秆叶兼用、籽糠（麻糠）兼用等。花叶用工业大麻主要用来提取除毒性成分（THC）之外的有益成分大麻酚类和其他次生代谢产物，它被广泛用于医疗、美容和保健等领域。需要说明的是，目前仍然可见到的"工业用大麻"一词，与"工业大麻"的概念不相同，前者仅仅是一种变通的用法，后者才是规范用法，它是专指THC含量低于0.3%的大麻品种。

第二节 历史与现状

一、人类对大麻的利用

在我国台湾曾发现公元前10000年的大麻遗物，这是目前全球已知的、最早利用大麻的证据。在中国黄河流域的新石器时代仰韶文化遗址（约公元前 5000 年）中，发掘出最早栽培大麻的物证。

直到 10 世纪前后，在其他高产谷物大面积种植之前，大麻籽一直是中国人饮食中的一个重要组成部分。《吕氏春秋》称"麻、稷、黍、麦、菽"为五谷，说明最迟在战国时期人们就已经普遍食用大麻籽。《神农本草经》把大麻籽当作食品原料并将其列为上品，置于胡麻和小麦之间。古代中国人食用大麻籽的方式主要有 4 种：一是作零食，可生吃，也可炒熟吃；二是做成麻粥食用；三是榨取大麻油食用；四是作为调味品加入其他食物。

在北宋棉花被大量引入内地之前，大麻织布料一直是古代中国人的主要衣着材料。中国曾发现公元前 8000 年的大麻衣料织物。据《尚书·禹贡》记载，战国时期九州中的青、豫二州产大麻，并将它作为进献的贡品。除此之外，大麻纤维还经常被用于制作麻鞋、麻袋等。中国人很早以前就掌握了利用大麻纤维造纸的技术。用麻作原料造纸比蔡伦造纸还要早得多，约在公元前 1 世纪就出现了大麻纸张。据历史文献记载，大麻纸在唐朝已被广泛使用。另外，敦煌纸卷中最常见的纸张是大麻纸。

大麻在医药上已经应用了数千年。火麻仁是常用的中药材，大麻的其他部位也都有特殊的药用价值。在中国、印度及中东地区大麻被用于疾病的治疗。中国最早的中医理论著作《黄帝内经》就有关于大麻药用的记载。不同于印度大麻和美洲大麻，中国大麻所含成分中成瘾性物质少，不是麻醉品或致幻剂的原料，而是重要的农用和药用作物。

国外古代大麻的利用，约公元前 3500 年，大麻绳索被用在金字塔建设中。公元前 1200 年，古埃及法老阿查那顿墓葬中使用了大麻布。古埃及拉美西斯三世时期（公元前1186~公元前1155）的药师记录了大麻是用于治疗眼病的处方。约公元前1100年，迦太基（位于今非洲北部突尼斯的古代奴隶制城邦）居民使用大麻做成航船的缆绳与帆布以及家用绳索和药物。欧洲最早关于大麻利用的记载是锡拉库扎国王希罗二世在公元前270年购买大麻制作绳索供船只使用。6世纪以后，欧洲人使用大麻纤维制作帆布、绳索、渔网等，还把大麻作为药材。8世纪以后，阿拉伯人学会用大麻造纸，叙利亚人用大麻做捕猎网，此外中东地区的人们用大麻制作食物、灯油、造纸原材和药品。16~18世纪，欧洲和北美大麻的主要用途是制作帆布、绳索、造纸原料、颜料、油墨、清漆及建筑材料，人们80%的衣着布料是用大麻制作的。此外，世界各地在历史上都不同程度地有人们吸食大麻，用大麻寻求精神慰藉、祭拜神灵、消除病痛的记载。

现代工业大麻的利用，可归纳为纤维用、籽用和药用，但药用的范畴和领域已有了更广泛的拓展。

二、近现代的大麻生产

两次世界大战时期是世界大麻种植最辉煌的时期。其间，苏联的大麻种植面积曾经高达100万hm^2，美国1943年的种植面积也高达17.8万hm^2。1961年联合国制定条约禁止种植大麻，从此工业大麻在北美、欧洲等地区被全面禁止种植。虽然如此，世界其他国家和地区仍有工业大麻种植。1979~1981年全球大麻的种植面积为48万hm^2，纤维产量为26万t；1984~1986年全球大麻种植面积基本稳定在38万hm^2，纤维产量约为24万t，单产量得到明显提高。

大麻的广泛利用为人类带来福祉，但由于近代时常被非法利用，因而1961年联合国制定条约全面禁止种植大麻，美国、加拿大、欧洲和中国相继制定并实施了大麻禁种法令。20世纪90年代，世界大麻生产跌入低谷，但就是从此时开始，欧洲、北美开始重新评估和恢复发展工业大麻产业。1992年，大部分欧洲国家开始准许种植工业大麻。在加拿大，1994年安大略省批准了一项低THC含量大麻的研究，1995年阿尔伯塔地区的大麻研究与种植重新得到重视。美国成立了北美工业大麻协会（North American Industry Hemp Council，NAIHC），目的是通报大麻产品开发的最新进展，扩大大麻产品的影响。欧洲工业大麻协会于2000年成立，2005年得到官方认证，目前会员有法国、德国、意大利、荷兰、斯洛伐克、英国、芬兰、比利时、瑞典、奥地利、挪威、西班牙、捷克等欧洲国家，以及美国、加拿大、澳大利亚和中国等国家和地区的工业大麻企业。

三、目前工业大麻产业概况

1. 世界工业大麻产业概况

根据联合国粮食及农业组织数据库（FAOSTAT）资料，世界工业大麻生产主要分布在欧洲、北美和中国，南美的智利也有较大的种植面积。2011—2018年世界工业大麻生产的详情见表1-1。按2018年世界各国大麻生产排名，中国第一（16.2万hm^2）、加拿大第二（4万hm^2），美国第三（3.1万hm^2），法国第四（1.7万hm^2，欧洲最大）。

据权威机构统计的数据，2019年全球大麻消费支出为3440亿美元（包括合法和非法），全球有2.63亿大麻消费者。2019年美国合法大麻市场规模为136亿美元，其中娱乐大麻市场为76亿美元，医用大麻市场为6亿美元；预计到2025年，美国合法大麻市场规模将达到297亿美元。2019年美国种植84万亩大麻，发放了16877个种植许可证，比上年增加4.8倍；发放了2880个加工许可证，比上年增加4.83倍。

据我们搜集的资料，2019年国内外工业大麻公司（企业）主要分布在欧美和亚洲，具体数据是：欧洲108个、北美122个、亚洲198个（其中中国174个）、澳洲11个、非洲6个、南美2个。

表1-1　2011—2018年世界工业大麻生产情况

年份	大麻		大麻籽	
	收获面积（hm²）	总产量（t）	收获面积（hm²）	总产量（t）
2011	40690	2011	51907	68430
2012	40900	2012	55319	112468
2013	42262	2013	59434	89203
2014	43756	2014	76707	103097
2015	41794	2015	62475	78195
2016	42436	2016	66796	99842
2017	40983	2017	55826	146223
2018	41587	2018	60657	142883

注：数据来于联合国粮食及农业组织数据库。

2. 中国工业大麻生产概况

中国纤维大麻种植主要分布在云南、安徽、黑龙江、山东、河南、山西、甘肃等省。2011—2018年，中国大麻纤维年均产量约为1.73万t，占全球的28.2%。中国大麻籽的生产主要分布在西北的甘肃、内蒙古，华北的山西和华南的广西地区。2011—2018年，中国大麻籽年均产量约为1.37万t，占世界的13%（表1-2）。

表1-2 2011—2018年中国工业大麻生产情况

年份	大麻		大麻籽	
	收获面积（hm^2）	总产量（t）	收获面积（hm^2）	总产量（t）
2011	5710	15800	5700	15802
2012	5280	14500	5280	14500
2013	6500	19000	5686	15051
2014	7700	32000	5833	15595
2015	5490	15521	4748	13146
2016	5318	15178	4399	11885
2017	4730	13391	4370	11854
2018	4449	12623	4342	11822

注：数据来于联合国粮食及农业组织数据库。

3．云南工业大麻生产概况

2001年，国内第一个工业大麻品种"云麻1号"通过云南省品种审定并在生产上得到广泛应用。截至2019年底，云南省已有云麻系列的10个工业大麻品种通过鉴定并允许生产种植。云南省在2010年颁布施行了《云南省工业大麻种植加工许可规定》，在国内率先使工业大麻产业发展走上法制轨道。

云南省种植工业大麻地区涉及14个州市的54个县（市、区），仅2019年就注册了近160家企业。云南省工业大麻种植面积呈波浪式增长，年种植面积一度超过10万亩，种植的大麻主要是纤维用和籽用工业大麻。近年来，籽用工业大麻和纤维用工业大麻面积减少，而花叶用工业大麻面积增长较快，2017年、2018年和2019年花叶用大麻种植面积分别为2.2万亩、2.3万亩和17.4万亩，2020年达到20万亩。目前，云南省花叶用工业大麻占全部工业大麻种植面积的90%以上，主要种植品种由"云麻1号"为主升级为花叶大麻二酚（Cannabidiol，CBD）含量较高的"云麻7号"为主，CBD含量更高的"云麻8号"种植面积正在扩大。

工业大麻种植效益由纤维用大麻的亩产值1000~1500元上升为花叶用的2000~2500元。种植效益的提高与近年推广的花叶用工业大麻高产栽培技术有直接关系，该技术使大面积工业大麻花叶亩产量由150 kg左右增加至200~250 kg。

自2014年全球第一家用工业大麻花叶提取CBD的加工企业在云南投产以来，以CBD生产为亮点的工业大麻产业发展态势良好，相关的加工生产、产品开发及市场拓展得到快速发展，尤其是花叶用工业大麻种植技术水平、规模化CBD制取及产品研制在国际上均起到引领和示范作用。

第三节　多用途利用

工业大麻全身都是宝，用途广泛。例如，大麻秆心（麻秆除去韧皮后的木质部分）既可作为造纸和生产黏胶纤维的优质原料，也可直接用高温炭化生产吸附性很强的活性炭，还可生产木塑建材产品和化工添加剂。大麻纤维具有透气透湿、凉爽快干、抑菌防腐、保健卫生、消音和防紫外线等独特功能，是理想的高档纺织原料。同时，大麻纤维强度高，比重轻，可替代污染严重、能耗极高的玻璃纤维，作为复合材料的主体增强材料。大麻籽是人体必需的脂肪酸和优质蛋白质的最佳来源，可开发出多种具有营养保健功能的食品。大麻籽油可通过加氢酯化合成生物柴油。大麻的叶和根含有可治疗许多疑难病症的成分，具有独特的医疗价值。

大麻产品的应用范围广泛，渗透到工业、农业、军工、食品、医药卫生、建材，以及与人们的衣、食、住、行、用相关的各个领域，有着巨大的市场潜力和产业发展空间。据外媒报道，工业大麻的产品数量可以达万种以上。随着对大麻研究的不断深入，大麻的利用价值和经济价值将得到不断拓展，除对大麻茎秆和大麻种子的利用之外，近年来人们还加大了对大麻花和嫩枝叶的开发利用。

一、麻秆利用

麻秆含15%~20%的韧皮纤维，主要作为高级的纺织原料使用。利用麻秆开发的产品种类繁多，主要包括服装（内衣、夏季T恤、牛仔服装等）、家居用品、无纺布、纸张和其他（如背包、箱包布等）。

麻秆除去韧皮后的木质部分称为"秆心"，可以利用它开发出黏胶纤维、木塑复合材料、木质陶瓷、大麻活性炭、动物窝圈垫料、动物饲料、氮吸附剂、肥料、土壤改良剂、烃类吸附剂和其他产品（如生物能源和纤维水泥空心轻质墙板等）。

此外，大麻基生物复合材料，被广泛应用于生活与科技各个领域，也是工业大麻麻秆未来利用的重要方面。

二、麻籽利用

大麻籽是最古老的传统食品，被称为"长寿圣籽"，据相关研究，广西巴马地区的长寿现象与当地居民饮食中的大麻籽有关。

大麻籽含有20%~25%的蛋白质，经脱壳获得的大麻仁营养价值非常高，是制作高级保健食（饮）品的优质原料。大麻仁可用于制作月饼、汤圆等食品的馅料，大麻仁豆腐的风味比普通豆腐更胜一筹。大麻仁分离出的蛋白、蛋白肽可以制成保健品，也可以制成蛋白添加剂，应用于冰淇淋、饮料、糕点、麦片等食品领域。利用大麻仁的优质蛋白对压缩干粮进行营养结构改进，可大大增强其营养功能。用大麻分离出的蛋白、蛋白肽、油脂等营养成分制成的能量棒，具有供能迅速、耐饥饿、便携带、耐储存等特点。此外，从大麻籽中提取的大麻抗氧化肽，可以作为营养强化剂，添加到保健品、饮料和化妆品中。

大麻籽含有20%~30%的油脂，其脂肪酸组成特别有利于人类健康。因此，大麻籽油除作为高级食用油之外，还用于开发大麻籽油胶囊等各种保健产品和多种美容护肤品。大麻籽油具有滋润、保湿、防晒、修复、抗过敏和抗衰老功能，可恢复肌肤的光泽活力，同时还能缓解肌肉疲劳。大麻籽油还可作为工业和能源用油，用于生产无毒的油漆、涂料、润滑油、生物柴油等。

此外，大麻籽壳、大麻籽粕（榨油后剩下的固体渣滓）也有广泛的用途。大麻籽壳可作为膳食纤维减肥食品、活性炭、麻塑复合材料等的原料；大麻籽粕可作为培养食用菌的优质培养基，开发营养型动物饲料和优质有机肥等。

三、花叶及麻糠利用

目前已知大麻花叶和麻糠（收获麻籽时脱粒后剩余的花序残体，主要是花序上的叶片和果实包片）中含有约120种大麻酚类物质，其中的大麻二酚（CBD）和四氢大麻酚（THC）在常规品种中占90%以上。THC是大麻中的致幻成瘾物质，是国际公约和国家法律禁止使用的。CBD是大麻中主要的无精神活性成分，在医学上具有减轻惊厥、炎症、焦虑和呕吐症状，以及抗THC不良反应的作用。含大麻酚类化合物的药物，如屈大麻酚（Droabinol）、大麻隆（Nabilone）和Sativex等，在缓解化疗带来的不良反应，抑制癌细胞生长，防治艾滋病、精神疾病等方面有显著疗效。大麻叶含有的抗真菌和抗细菌成分对治疗浅表性皮肤病有显著效果。利用大麻花叶提取物开发新一代的抗紫外线、抗氧化的护肤品。大麻花叶中的低含量酚类物质（如大麻萜酚和大麻环萜酚等）的独特功效也逐渐引起研究者的重视，而大麻花叶中还含有黄酮类和萜烯类等具有医学和生物学功效的成分，有待开发利用。

据统计，CBD目前被研究或应用的医疗用途达50种之多，如痤疮粉刺、多动症、成瘾戒断（酒精成瘾、尼古丁成瘾、阿片类药物成瘾、毒瘾渴望等）、肌萎缩侧索硬化症、老年痴呆症、厌食症、抗生素耐药性、焦虑症、关节炎与疼痛、哮喘、动脉粥样硬化、自闭症、自身免疫性疾病（如艾滋病、多发性硬化症、克罗恩病、狼疮和乳糜泻等）、双相情感障碍（躁狂抑郁症）、癌症、克罗恩病（结肠炎）、抑郁症、糖尿病、内分泌疾病（甲状腺功能亢进症、甲状腺功能减退症和肾上腺皮质功能不全）、癫痫、纤维肌痛、青光眼、心脏病、亨廷顿舞蹈症、炎症、肠易激综合征（复发性腹痛、痉挛、腹胀、胀气、腹泻、便秘）、慢性肾病、肝脏疾病、偏头疼、晕动病（晕车晕船）、多发性硬化症（包括麻木、言语障碍和肌肉失调、视力模糊）、恶心、肥胖、强迫症、骨质疏松症、疼痛、帕金森、朊病毒病（进行性神经退行性疾病）、创伤后应激障碍（包括焦虑、愤怒、抑郁、烦躁、睡眠问题和悲伤）、风湿病、精神分裂症、镰状细胞病（遗传性红细胞疾病）、皮肤病、睡眠障碍、脊髓损伤、压力（一种受压的身体反应，包括低能量、头痛、胃部不适、疼痛、睡眠问题）、中风、神经退行性疾病（记忆衰退）、创伤性脑损伤、亚健康等。

第四节　法规与管制

大麻对于人类是一种具有利弊两面性的植物。由于大麻中含有致幻物质四氢大麻酚（THC），可能会被不法分子用来制造兴奋剂和毒品，危害人类健康，因此许多国家自20世纪中叶起就对大麻种植和利用实行管制。近年来，随着人们对环境问题和人体健康的日益重视，对大麻的用途形成广泛性的认同，以及低毒大麻（工业大麻）品种的培育与利用，大麻管制逐渐走向科学化和法制化。

一、世界大麻管制的历史与发展

从人类最早利用大麻开始直到20世纪初期，大麻的种植和利用是不受管制的。大麻曾经是一些国家的重要经济作物，美国和英国殖民者曾立法规定，所有农民必须用一部分耕地种植大麻，曾经一段时间内美国税务机关甚至明确指出可以用大麻抵税。在两次世界大战时期由于受战争封锁，各国将大麻列为战略物资，因此第一次世界大战和第二次世界大战时期是世界大麻种植规模最大的时期。

由于大麻中含有致幻物质THC，所以不法分子常用它来提炼毒品，导致在一些国家形成了一定程度的大麻毒品泛滥，从而引发了世界性的大麻种植管制。在1925年日内瓦麻醉品控制国际大会后，大麻、可卡因麻醉剂及鸦片一起被许多国家列为受控物质。美国在1934年通过了《州统一麻醉品法》对大麻进行管制，加拿大于1938年通过了《鸦片与麻醉品条例》，其他国家随后也制定了类似法规。但这些法规因受战争影响并未得到充分的实施。至20世纪60年代末，美国颁行了《受控物质法案》，将大麻归在最严格控制的第一附表中，擅自种植、拥有、散布大麻是联邦刑事犯罪行为。最重要的是，联合国先后签署了1961年《麻醉品单一公约》、1971年《精神药物公约》和1988年《联合国禁止非法贩运麻醉药品和精神药物公约》等禁毒公约，禁止海洛因、冰毒、大麻等非法精神活性物质的一切非医学和非科学目的的使用，逐渐实现了大麻的全球禁种。

1988年，联合国颁布的《联合国禁止非法贩运麻醉药品和精神药物公约》有关条款明确规定，大麻植株中含THC＜0.3%的，已经不具备提取THC毒性成分价值的，无直接作为毒品吸食价值的，专供工业用途的大麻品种为工业用大麻，可以进行规模化种植与工业化利用，"工业大麻"概念因此被提出来并走向成熟。1992年，低THC含量（＜0.3%）的工业大麻品种在英国培育成功，消除了人们对大麻种植的顾忌和误解，西方国家随之纷纷允许工业大麻种植和利用。欧洲共同体（欧盟）率先修订其农业政策，变"禁"为"疏"，将 THC 含量小于 0.3% 的大麻品种列为无害品种；英国从 1993 年开始进行商业化的工业大麻加工，德国于 1995 年解除了对工业用大麻的种植禁令，加拿大在 1995 年以后允许以工业加工为目的的大麻种植，美国怀特蒙州于 1996 年间允许种植工业加工用大麻；随后还有尼泊尔、爱尔兰、葡萄牙、牙买加、泰国和独联体各国等许多国家也允许工业用大麻种植。因此，自 20 世纪 90 年代初开始，工业大麻的研究和应用重新为世人所关注，世界工业大麻产业进入了复苏和发展阶段。

至 2020 年春季，全球已有 50 多个国家实现工业大麻合法化，41 个国家实现医用大麻合法化，乌拉圭和加拿大实现了有条件的娱乐大麻合法化。美国从 2018 年底开始全境实现工业大麻种植生产（包括 CBD）合法化，至 2019 年 9 月，已有 46 个州立法并种植了工业大麻；至 2019 年 6 月，美国有 11 州和 1 个特区实现娱乐大麻合法化，30 多个州和 1 个特区实现医用大麻合法化，多数州 CBD 完全合法化。

二、中国的大麻管制

《中华人民共和国刑法》第 347~356 条和《全国人民代表大会常务委员会关于禁毒的决定》第 2~10 条，将非法种植毒品原植物和非法贩卖、运输、存放、使用罂粟、大麻及其他毒品原植物的壳、籽、苗的视为违法行为。1985 年，新疆维吾尔自治区人民政府发出了《关于禁止种植大麻原植物的通知》，禁止在新疆种植大麻原植物。1991 年，新疆维吾尔自治区人大常委会发布《新疆维吾尔自治区禁止大麻毒品条例》，全面禁止大麻毒品。黑龙江省在2017年修订的《黑龙江省禁毒条例》中增加"工业用大麻管理"一章，规定："单位选育、引进工业用大麻，应当向省农业行政主管部门申请品种认定。经认定符合规定的品种可以种植、销售、加工。"

云南省为了加强对工业大麻种植和加工的监督管理，根据《云南省禁毒条例》的授权并结合实际情况，于2003年颁行了《云南省工业大麻管理暂行规定》。在总结前期工作经验基础上，根据产业发展的新形势和新要求，云南省又在2010年1月1日颁布施行《云南省工业大麻种植加工许可规定》。直至2017年，云南省是中国唯一以法规形式允许并监管工业大麻种植的省份。

按照《云南省工业大麻种植加工许可规定》的规定，警方已对工业大麻的种植、加工、运输、储存、经营等环节进行了细致的管理。工业大麻种植被分为科学研究种植、繁种种植、工业原料种植、园艺种植和民俗自用种植5类，前3类必须依法获得许可，后2类需要备案。在加工环节，只对花叶加工实行许可，麻秆、麻籽的加工不受限制。《云南省工业大麻种植加工许可规定》详见附录。

第五节　问题与对策

受国际工业大麻产业恢复发展的影响，国内工业大麻产业也得到快速发展。我国工业大麻产业一直在国际上占举足轻重的地位，尤其在工业大麻花叶大麻二酚（CBD）的规模化生产方面，我国走在了世界前列。但由于多种因素所致，我国工业大麻产业的可持续发展仍然面临不少急需解决的问题。

一、完善法律和政策保障，助推工业大麻产业破茧腾飞

尽管云南省制定、施行了《云南省工业大麻种植加工许可规定》，保障了工业大麻种植加工的合法合规性，但一些重要的工业大麻产品开发与销售仍受国家法律限制，尤其是CBD等大麻素类功能成分的开发，既缺乏产品标准和检验技术规范，也未列入国家药典和新资源食品目录，国内目前CBD提取是合法的，但CBD在食品药品中的使用却无法律依据。国内企业生产的CBD，被迫作为药品、保健品、功能食品和化妆品原料低价出口到国外，致使工业大麻的加工附加值严重缩水，进而极大地影响了后端产业链的延伸和发展。

二、确立政策扶持，提升工业大麻种植业的竞争力

在各国工业大麻政策法规迅速完善的形势下，国际国内市场将不断扩大，但产业竞争也将越来越激烈。国外如欧盟国家的亚麻与工业大麻等纤维作物种植者，能获得每吨200欧元的补助，而且还有短纤维的加工补贴每吨45欧元。国内长期来没有纤维作物生产补贴，使我国工业大麻生产在国际竞争中处于劣势。此外，缺乏适合我国实际的播种、花叶收获、烘干、种子脱粒等农用机械，加上种植管理粗放，产量质量参差不齐，成本偏高，既影响了原料生产端的效益，又影响了加工端的效益，整体削弱了产业的竞争力。

三、强化全产业链关键技术研发和应用，实现产业的可持续发展

国内在工业大麻CBD的研发方面主要集中在品种、栽培和CBD提取方面，缺乏全产业链的联动研发，如对CBD、大麻萜酚（CBG）、大麻环萜酚（CBC）等有益大麻素成分从药用、食用等理论到应用方面的研究，各类产品的研制、技术标准的制订等。目前迫切需要尽快研制出应用于种植各环节的实用机械，提高工业大麻生产的机械化程度。急需组织科研团队联合攻关，对原料生产、加工工艺、产品拓展、产品安全性、质量检测等全方位关键技术进行研发、集成和应用。

四、提升品种和栽培技术水平，夯实产业发展基础

目前支撑我国工业大麻产业的品种数量和质量均有限，尤其是药用成分CBD含量与国际上达5%~6%、甚至更高的品种相比还有很大差距，种植技术水平也需要进一步提高。因此，需要在高CBD/低THC含量、高纤维、高麻籽产量、高含油量等专用或多用品种的培育方面狠下功夫。在栽培方面，不仅要研究大田露地种植的科学化、高效化和环保化技术，如不同用途、不同生育阶段、不同品种、不同土壤气候条件下的工业大麻精确化配方施肥技术，旨在实现工业大麻的绿色、生态、环保和高效栽培；还要尽快研究出花叶用工业大麻的现代化设施种植技术，包括实现一年多季的基质优化和光、温、水、肥精良调控技术等，以适应未来高CBD含量品种可控化栽培的需要。

五、其他需要解决的问题

（1）建立产业协调机制，解决低价竞争、无序发展问题，实现产业的科学布局，防止一哄而上、遍地开花之势。

（2）在工业大麻利用方面，还应该加强对不受政策限制而且市场容量巨大的籽、秆多用途利用研究，尤其是我国限塑令即将全面实施，必定会带来麻纤维利用的爆发性增长。

（3）花叶用工业大麻还要重视 CBD 以外其他大麻次生代谢物如大麻萜酚、大麻环萜酚和大麻黄酮等的开发与利用。

（4）加强与工业大麻产业相关的种植、加工和市场拓展方面的专门人才的培养。

（5）加强终端产品市场调研和产品研发，拓展产业发展空间，保证产业稳步、持续发展。

（6）将区块链技术引入工业大麻产业的全产业链中，保证产品的溯源信息是完全而且不可更改的，可极大地提振消费者的信心，助推产业做大做强。

第二章 生物学基础

第一节 形态特征

大麻是一年生草本植物，属于大麻科（Cannabaceae），大麻属（*Cannabis*），大麻种（*Cannabis sativa* L.）。大麻种又可细分为栽培亚种（*Cannabis sativa ssp. sativa*）和印度亚种（*Cannabis sativa ssp. indica*）。花叶用工业大麻属于栽培亚种中致幻成分四氢大麻酚（THC）含量低于0.3%（干物质重量百分比）的品种类型，不具备制毒价值。我国目前种植的花叶用工业大麻品种通常为雌雄异株，雄株开花不结籽，俗称"公麻""雄麻"，古称苴麻；雌株授粉后能结籽，俗称"母麻""雌麻"，古称枲麻。雌雄异株工业大麻的典型形态特征见图2-1。值得注意的是工业大麻也有雌雄同株品种，其植株形态与雌雄异株品种的雌株相似。在法国、荷兰等西方国家，雌雄同株品种被广泛用于生产纤维或麻籽。

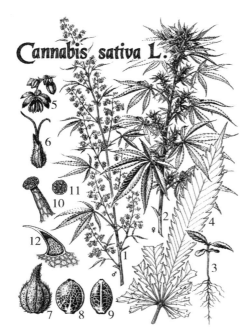

1. 雄株开花的花枝；
2. 雌株开花的花枝；
3. 幼苗；
4. 掌状复叶的小叶；
5. 雄花花簇；
6. 雌花；
7. 果实；
8. 籽粒（瘦果），宽面；
9. 籽粒（瘦果），窄面；
10. 带柄的分泌腺体；
11. 无柄分泌腺体的上表面；
12. 钟乳绒毛的长段面（底部有碳酸钙沉积）

图 2-1　雌雄异株工业大麻典型的形态特征（E. Smith 绘）
注：图中各器官大小有缩放

一、根

工业大麻为直根系植物，主根能深入土壤 1.3~2.5 m，侧根和须根主要分布在距地表 10~50 cm 的土层中，侧根横向伸展可达 60~80 cm，须根直径 0.19~0.3 mm。一般而言，每亩工业大麻的根重可达 200 kg 以上，约为地上部生物量的 12%~20%，但根系的发达程度与土壤状况、植株性别等有关，耕层深厚疏松的土壤有利于主根向下伸长，雌株的根系比雄株的更发达。

二、茎

工业大麻为直立茎，呈绿色，偶见淡黄色和紫色，中上部茎的表面有纵凹沟纹，横切面为六边形或四方形；幼苗期茎髓充实，表面有少量绒毛，进入快速生长期后基部木栓化，表面绒毛脱落，中上部会形成空腔。茎的形态受群体密度的影响较大，以收获籽粒或花叶为种植目的时，群体密度一般小于 10 株 /m^2，茎秆高大粗壮，株高可达 3~4 m，茎粗可达 5~10 cm，主茎常有分枝自托叶的叶腋内发生，分枝数由基部向上逐渐增加，可达 30~40 个，甚至更多；以利用纤维为种植目的时，群体密度可达 40~180 株 /m^2，南北方的差异很大，茎秆相对矮、细，株高一般 2~3 m，茎粗常低于 2 cm，少有分枝，纤维纤细柔软。成熟时每亩的茎秆干重可达 800~1000 kg。

三、叶

工业大麻为双子叶植物，整个苗期的叶序为对生，在接近开花时逐渐转为互生。叶柄长 3~15 cm，密被灰白色平伏毛，托叶呈针形。第一对真叶为披针形单叶，叶缘呈锯齿状，第二对真叶为掌状复叶，有小叶 3 个，以后随着叶龄的增加小叶数呈奇数增加到 13~15 个，随后小叶数又逐渐减少至披针形或针形单叶。叶片呈绿色，上有短绒毛和分泌腺，是花叶用工业大麻种植的主要收获器官之一。以花叶为种植目的的工业大麻，开花时每亩的叶片干重可达 200 kg 以上，约占地上部分重量的 15%~25%。

四、花

工业大麻有雌雄异株和雌雄同株品种。雌雄异株品种的雄株花序松散,为复总状花序,小花有花柄,每个小花有 5 个黄绿色萼片,5 个雄蕊,雄蕊长约 5 mm,花药附着于细长的花丝上。花粉黄白色,易于扩散,在开放空间,花粉可以扩散到 20~30 m 的高度,可以随风传播到 10~12 km 远处。大麻雄株的花粉产量很高,高度为 3~4 m 的雄株单株最多可以产生 30~40 克花粉。雌株花序紧密,为穗状花序,雌花很小,成对生于叶腋,没有花柄和花瓣,每个小花有 1~2 个雌蕊,雌蕊呈丝状,由一个绿色苞片包裹着基部,苞片上有分泌腺。雌蕊在授粉之后 1~2 天内凋萎,未完成授粉的雌蕊可维持 6~10 天。雌雄同株品种的花的结构和雌雄异株基本相同,雄花通常成簇出现在花枝分叉处。

五、籽粒(果实)

工业大麻的籽粒为卵圆形瘦果,微扁,顶端尖,表面光滑,种壳颜色有灰色、褐色,或有网状花纹,平均长度 3~8 mm,直径 2~5 mm,千粒重 9~32 g,也有个别品种的千粒重达 40 g 以上。籽粒含有约 30% 的油脂,主要为亚油酸和 α- 亚麻酸。由于不饱和脂肪酸比例高,容易氧化,在常规条件下保存的籽粒利用年限为 1~2 年,生产上不宜用陈年麻籽做种。每亩籽粒产量可达 100~200 kg,但不同品种、种植条件之间差异较大,通常雌雄同株品种的籽粒产量优于雌雄异株品种。

第二节 生育时期及生长发育特点

云南地区开展花叶用工业大麻种植，一般在4、5月播种，10月初收获，生育期长度为150天左右。但工业大麻是短日照植物，生育期的长度受到品种、光周期和温度的共同影响。

一、出苗期

在25℃的温度条件下，工业大麻种子在浸润24小时后就能观察到胚根突破外壳，但生产上一般在播种后4~10天才能观察到幼苗出土，出苗数达到50%需要6~12天。种子质量、播种深度和土壤状况（温度、湿度、紧实度）会影响从播种到出苗所需的时间，温暖、湿润、疏松的土壤有利于出苗，使用陈年种子或播种过深会导致不出苗或出苗延迟。

二、营养生长期

营养生长期指出苗至花芽分化所经历的时期，可再分为幼苗期和快速生长期。

幼苗期为出苗至株高达20~30 cm的时期，约经历3~4个星期，这个时期内植株生长缓慢，株高每日增长量小于1 cm，长出一对真叶需要4~6天，两对真叶之间的距离小于5 cm。幼苗期内根系生长迅速，主根的伸长速率是茎的两倍以上。

快速生长期指幼苗期结束至花芽分化所经历的时期，这个时期的长短受到品种、温度、光周期等因子的共同影响。我国南方夏天温度高、白昼短，北方选育的品种在南方种植具有较短的快速生长期，而北方夏天温度低、白昼长，南方选育的品种在北方种植快速生长期延长。快速生长期内植株生长迅速，水肥需求最为旺盛。在水肥条件好的土壤中，每日株高增长量可达 5~12 cm，两对真叶之间的距离可达 10~15 cm，叶片宽大，茎基部叶片由于光照不足逐渐变黄脱落。

三、开花期

开花期是指花芽分化至最后一朵小花完成受精（或散粉）的时期。花叶用工业大麻种植一般在开花后期进行收获。花芽分化一般发生在叶序由对生转变为互生之后，但北方选育的品种在南方种植，通常会在叶序为对生的时候就分化出小花。营养生长期结束之后，雄株的茎尖和叶腋首先分化出带有花蕾的花枝，之后节间快速伸长，高出雌株 10~20 cm，最先开放散粉的小花位于花序中部；每朵小花开放 2~3 天之后脱落，但一个雄株的花期可持续 10~15 天，一个群体中雄株的花期可持续 30 天甚至更长，因品种而异；雄株开花结束之后迅速死亡。同一个品种中，雄株现蕾后 10 天左右可在雌株顶部观察到雌花，在适宜的温度和光照条件下，雌株可持续分化出小花，一个雌株的花期（见彩图 2）可持续 30 天以上，未授粉雌株的花期更长。

四、籽粒成熟期

籽粒成熟期指雌花受精结束至籽粒成熟的时期。工业大麻的雌花在受精后 30~40 天即可发育为成熟的籽粒，但由于雌株开花所持续的时间较长,存在边开花边结籽的现象,因此在开花后期进行花叶收获时,常常会有一些籽粒已经发育成熟。在籽粒成熟过程中,储存在叶片中的营养物质会向籽粒转运,导致叶片变黄、脱落,影响花叶产量。

第三节 群体结构

目前云南地区主要采用低密度模式种植花叶用工业大麻,密度为 0.8~3 株 $/m^2$。在采用低密度种植时,幼苗期植株茎秆粗壮,叶片厚实宽大,但由于植株之间距离较大,群体叶面积增加缓慢,封行较晚,如果没有地膜覆盖,植株之间的空地容易滋生杂草。进入快速生长期之后,叶腋开始长出分枝,植株之间逐渐出现相互遮蔽的现象,削弱到达地面的光强,当株高 1.5 m 时,到达地面的光照强度约为冠层顶部的 20%~30%。到花叶收获期,冠层高度可达 3 m 以上,植株高大粗壮,茎秆基部直径可达 5~10 cm,主茎的分枝数多,一级分枝可达 30~40 个,分枝上又会出现二次甚至三次分枝,花叶集中在主茎和分枝的中上部。

试验研究表明,在低密度种植模式下,每亩花叶产量可达 100~250 kg,麻秆产量可达 500~1000 kg;将种植密度由 1 株 $/m^2$ 提高到 2~3 株 $/m^2$,花叶产量可提高 30%~50%,但继续提高种植密度对花叶产量的影响不大。种植密度对花叶产量的影响可能与品种的分枝习性有关,对于分枝能力弱的品种,适当提高种植密度或者待植株长至 1~1.5 m 时进行打顶促发分枝,有利于提高花叶产量。种植密度对成熟时花叶中的大麻二酚（CBD）等酚类物质的含量影响不大。

工业大麻也可以在高密度（100~200 株/m^2）下种植，以获取优质纤维或便于机械化收获，同时还可以收获花叶。在采用高密度种植时，由于植株之间间隔小，幼苗期即会出现相互遮蔽现象，植株之间对养分和光照的竞争激烈；进入快速生长期，群体叶面积指数可达 6~8，到达地面的光强仅为冠层顶部的 1%~10%，部分幼苗期生长缓慢的植株会因没有足够的光照而停止生长或死亡（自疏现象）。与低密度种植模式相比，高密度种植模式下的植株茎秆细长（株高 2~2.5 m，茎粗 0.3~1 cm），主茎少有分枝或不分枝，纤维产量和品质较好，但由于植株中下部遮阴严重，叶片脱落，花叶主要集中在顶部，花叶产量低。另外，在高密度种植条件下由于植株的茎秆细弱，在夏季风雨较多的地区，植株容易倒伏，影响产量。

第三章　环境条件

工业大麻的生长发育与环境条件密切相关，环境条件会直接影响工业大麻的产量和品质。明确关键环境因子对工业大麻生长发育的影响，对提高工业大麻的产量与品质，提高经济效益，改善生态环境具有重要的理论和技术指导意义。在生产实践中，对工业大麻生产影响较大的环境因子主要有气候（温度、水分、光照、空气等）、土壤、养分、地形地势、生物及人类的活动等。这些环境因子综合构成了工业大麻生长的生态环境，其中光照、温度、水分、土壤、养分对工业大麻的生长发育最为重要。

第一节　光照

一、光周期

光周期是指昼夜周期中光照期和黑暗期长短的交替变化。在我国，一年中最长的光照时间出现在夏至日，夏至日后逐渐缩短；

最短光照时间出现在冬至日，冬至日后逐渐延长。大多数一年生植物的开花受到光周期的影响，需要经历特定的光周期才能形成花芽。根据光周期对不同植物花芽分化影响的差异，植物可分为长日照植物、短日照植物和日中性植物等。

工业大麻为短日照植物，临界日长一般在 14~16 小时之间（云南当地品种一般在 14 小时），因不同品种而异。在完成基本营养生长期后，光照时间短于临界日长时，大麻就会开始分化花芽，进入生殖生长阶段，光合产物和营养物质集中供应给籽粒，营养体生长减缓或停滞；如果光照时间长于临界日，大麻将持续进行营养生长，生物量持续增加，不形成或仅形成少量的花和籽粒。一般而言，不同纬度地区选育的工业大麻品种的临界日长不同，通常纬度变化超过 2° 以上时，大麻的光周期反应就会有明显的差别，在引种或品种培育时需要考虑不同品种的光周期特性。我国北方选育的品种临界日长大于南方选育的品种，因此北方大麻品种引种到南方，由于生长期的日照时间短，营养生长期缩短，生殖生长提前，植株矮小，花叶、茎秆产量低；相反，南方大麻品种引种至北方，由于生长期日照时间长，营养生长期延长，生殖生长推迟，植株高大，花叶、茎秆产量高，但由于开花推迟，难以在霜冻前完成种子发育，因而种子产量低，甚至不能获得成熟种子。

不同地方的工业大麻种植，需要根据当地种植的品种和光照时间合理安排种植时间。另外，工业大麻具有基本营养生长期特性，即工业大麻在花芽分化前，不受短日照影响的正常营养生长期，这段时期为 2~4 周，这也是育种和工厂化种植者使用光周期调控工业大麻开花需要考虑的时间。

二、光照强度

光照强度，即光的强弱或物体表面被照明的程度，是指单位面积上所接受光量子多少。我国夏天的光照强度可达 6 万~10 万 lx，甚至更高，阴天的光照强度可低至 100~550 lx。植物光合作用速率在一定范围内随光照强度的增加而增加，但当光照强度超过某一值后，光合作用速率不再随光照强度的增加而增加，这个值称为光饱和点。在光饱和点上继续提高光照强度反而会因为植物光呼吸增强，气孔关闭等，导致净光合速率下降，从而影响植物生长。一般喜阳植物的光饱和点在 2~2.5 万 lx。

工业大麻是喜光植物，其生长发育对光照强度变化的反应较为明显。如果阳光充足，地上部和地下部生长良好。对于花叶用工业大麻栽培，充足的光照还有利于分枝萌发和花序发育，从而提高花叶的产量和质量。但如果阳光过于强烈，会导致纤维发育缓慢，麻秆粗硬。如果光照强度不足，会导致工业大麻植株矮小、羸弱、易倒伏、黄化等，尤其会使花叶中的大麻酚类物质含量减少，进而严重影响花叶产量和质量。因此，工业大麻不宜在遮阴地块种植，如树荫下、堤坝下。在工业大麻生长期需要注意控制杂草生长，尤其在幼苗期，因为杂草不仅在肥水方面与工业大麻竞争，还会遮挡工业大麻的光照。花叶用工业大麻种植密度小，杂草生长较快，适当控制苗期麻田中的杂草生长，可减少杂草对大麻幼苗的遮蔽，有利于培育壮苗。在室内进行工业大麻种植时，需要控制好光照强度，在保证花叶产量和品质的同时，尽可能降低能耗成本。有学者研究发现，在一定范围内降低光照强度，有利于雌株分化，这可以作为育种和室内工厂化栽培的参考。

三、光质

光质即光的波长，肉眼感知的是光的不同颜色。太阳光谱是一种不同波长混合的吸收光谱，分为可见光和不可见光。可见光的波长为 400~760 nm，散射后分为红、橙、黄、绿、青、蓝、紫 7 色，集中起来则为白光，各色光的波长如下：红色光 770~622 nm，橙色光 622~597 nm，黄色 597~577 nm，绿色 577~492 nm，蓝靛色 492~455 nm，紫色 455~390 nm。不可见光分为 2 种，即位于红光之外区域的叫红外线，波长大于 770 nm，最长达 5300 nm；位于紫光之外区域的叫紫外线，波长 290~390 nm。光质影响叶绿素 a、叶绿素 b 对于光的吸收，从而影响光合作用。一般植物对红光和蓝光吸收最强，这两种光对植物的生长也最有利。有研究结果显示，红光对亚麻、苎麻、油菜均有明显促进生长的作用，但工业大麻在纯红光下则表现为生长停滞甚至死亡。不同光质对大麻生长的促进作用表现为：蓝光＞白光（自然光）＞40% 红光 +60% 蓝光＞60% 红光 +40% 蓝光＞红光。另外，据研究发现蓝光有利于提高工业大麻的大麻素含量。据国外在药用大麻上的试验结果显示，与日光条件下相比，绿光降低叶片中的四氢大麻酚（THC）和大麻二酚（CBD）含量，蓝光降低 THC 含量但对 CBD 含量影响甚小，而红光则对这两种大麻酚含量的影响均不明显。

四、LED 灯（发光二极管）光照

在室内种植工业大麻，可以通过调节光照时间、强度和光质，再配合其他条件控制，进而在单位面积和时间内实现花叶高产。室内工厂化栽培可以实现工业大麻一年内收获 3 次甚至更多。在工业大麻营养生长期可以采用长光照时间（16~18 h），促进其快速生长，这个时期根据种植目的需要进行调节，一般为2~3个月。而后改用短日照处理（8~12 h），处理2~4周即可进入花芽分化期。不同光照时间对大麻雌雄分化有较大影响，一般较长日照有助于雄株的分化，短日照则有利于雌株的分化，故在后期使用短日照处理同样有利于增加雌株比例，提高花叶的产量和品质。室内工厂化种植最适宜采用雌株为母本植株，进行长日照处理（16~18 h），阻止其开花，促进其营养生长，然后剪取分枝，进行扦插繁殖，一个足够大的母本植株一次可扩繁至300株以上。

在室内种植工业大麻，LED灯与播种床的距离不同，对大麻生长发育的影响也不同。试验显示，每天光照12 h、黑暗12 h，生长2个月，雄株开始现蕾，即进行产量指标测量，发现LED灯与种植盆顶的距离对工业大麻生长发育的影响大小为1.0 m＞1.5 m＞2.0 m，距离以1.0 m为宜。

第二节　温度

一、温度对播种的影响

温度对工业大麻播种影响较大，不同工业大麻品种的播种对温度的要求也不同。工业大麻种子在土温1~3℃时可发芽，在8~10℃以上出苗才整齐，最适发芽的温度为25~30℃，最高不超过45℃。因此，在大田种植时，工业大麻播种不宜过早，播种太早地温过低，出苗较慢，封行也较慢，行间容易滋生杂草，从而影响麻苗生长。播种太早还会因为日照时间短导致大麻早花，造成严重减产（虽然观察到在日照时间达到一定长度时，大麻可以重新恢复营养生长）。大麻也不宜播种太迟，据研究发现，播种时间越晚，大麻的花叶产量就越低，因为播种太晚，光照时间变短，温度下降，营养生长阶段缩短。

二、温度对生长发育的影响

工业大麻从播种到花叶收获，需大于 0℃ 的积温为 2000~3000℃。工业大麻苗期要求日平均温度在 19℃ 左右，但幼苗耐受低温能力较强，能耐受 -5℃ 的短期低温，苗期的低温对以后生长发育和产量影响不大，只会出现生长延迟现象。快速生长期工业大麻对温度比较敏感，在一定范围内（10~35℃），温度的升高会导致工业大麻生长发育速率加快。实验发现气温在 28℃ 时，工业大麻从萌发到 10 叶期，只需 50 天左右；气温在 10℃ 时，则需 86 天。

在对工业大麻进行光诱导开花时，将光照时间设为 8 h，所处环境温度分别设为 15℃、22℃ 和 26℃，观察到自处理到开花所需天数分别为 25 天、19 天和 18 天。工业大麻开花期的温度必须在 0℃ 以上，以 17~25℃ 为宜；低于 17℃，植株生长缓慢，麻秆转变成紫色，花蕾生长变慢，且不会长大，导致 CBD 含量下降；当气温超过 32℃，花序蓬松，同样会导致 CBD 含量下降。开花至种子成熟期的适宜温度为 18~20℃，温度过高或过低，都直接影响种子的成熟和产量。国外的一个研究报告显示，同温暖条件（32/23℃）下相比，在较低温度条件（23/16℃）下，大麻叶片中的 CBD 和 THC 均显著增加，尤其是 THC 增加更多。

工业大麻为雌雄异株植物（也有雌雄同株品种），温度可以显著地影响大麻的雌雄比，较高的气温有利于雄株分化，而较低的气温有利于雌株分化。通过温室大棚种植工业大麻，研究气温对雌雄比的结果显示，气温由15℃升至30℃时，雄株比例由27%上升为60%。试验同时发现，相对于地温，气温对大麻性别分化影响更大，气温维持在30℃时，地温15℃与30℃相比，雌雄比例（生长106天后）分别为2∶1和2∶3；气温在10℃时，地温15℃与30℃相比，雌雄比例（生长106天后）则没有显著差异，均为2.7∶1。

第三节 水分

一、水分对植物的影响

水是生命的源泉，占植物鲜重的80%以上。植物的生命过程在水溶液中发生，水可溶解土壤中的养分，养分溶解后被根部吸收。大约99%由根部吸收的水进入茎的导管（木质部），然后通过叶脉的木质部分配到叶片，最后通过叶片的蒸腾作用离开植物体。植物吸收的水，1%被分解为提供生理代谢所需的质子（通常为氢形式），与二氧化碳一起在光合作用中形成碳水化合物。因此，水分是植物（包括工业大麻）最重要的生命物质，但是土壤中的水分不是越多越好，水分过多会导致植物渍害，引起植株生长停滞、倒伏、叶片发黄等，并导致病虫害发生；而水分不足则会限制植物光合作用，影响正常生理代谢，导致植物生长停滞，叶片萎蔫等。

二、工业大麻种植中的水分管理

（一）种子萌发和幼苗移栽期

在种子萌发期间，需要保持土壤表层湿润。当工业大麻种子吸收的水分相当于自身干重的50%时即可发芽，这时要求土壤水分为田间最大持水量的70%左右，即用手抓一把土壤，稍捏紧后，土壤不易松散，手上有水残留但指缝无滴水。在幼苗移栽期间，如果人工浇水，浇水量不宜过多，尤其不要直接浇在麻苗上，以避免造成大麻幼苗机械损伤。

土壤干燥的简易检测方法，即用手指插入5~10 cm深的土壤中，感觉干燥，且手指上没有水印残留，此时则为土壤干燥，条件允许时需要进行人工浇水，尤其是室内种植。地块较大的种植田通常依靠水泵引河水、湖水或井水进行浇灌。浇水宜使用带喷头软管。浇水时水流不宜过快，只能在幼苗周围浇水，使植株周围的水均匀渗入即可。

（二）生长期

工业大麻是高秆作物，耗水量较多，整个生长期需水量在500~700 mm。在苗期适当干旱有利于根系发育；进入快速生长期，则要求土壤湿度大，有利促进植株较快生长，提高茎叶生物量；而在盛花期至种子成熟前，雨水过多不仅不利于授粉和种子灌浆成熟，还容易引起麻秆霉变发黑。

工业大麻快速生长期仅占整个生育期的1/3~1/2（2个月左右，一般在7月至8月间），但生长量则占总生长量的1/2以上。

在大麻出苗或移栽后一个月，进入快速生长期。在快速生长期需要保证工业大麻有充足的水分供应。这时期要求土壤湿度较高，以土壤田间最大持水量的 70%~80% 为宜，如果这时田间缺水则需要进行人工浇水。如果生长期间降雨量较大，则需要格外注意田间水分情况，发现麻地土壤含水量较大，需要及时开沟，排水防涝。

种植者需要根据当地的节令进行播种或者选择适宜的种植区域。一般平地区的土壤持水较好，山坡地则持水较差。工业大麻最忌淹水，淹水超过 2 天，大麻即会停滞生长或死亡，且后期难以恢复正常生长，进而导致严重减产。因此，如果工业大麻种植在平地区，则需要在种植区域的两边开排水沟，避免种植田积水。种植在山坡地则需要考虑山坡的坡度，坡度不能太大，否则保水性较差，会导致大麻生长长期缺水，引起大麻减产。

第四节　土壤

工业大麻为直根系作物，根系能深入土壤 2 m 以下，大部分须根分布在 10~30 cm 耕作层中。工业大麻在萌发期对土壤理化性质要求较高，因为工业大麻种子顶土能力差，故覆盖种子的土壤要求疏松、透气，覆盖厚度宜在 3~5 cm 之间。工业大麻在整个生育期吸肥力较差，一般要求选择肥沃、透气性好的土壤，以土层深厚、保水保肥力强、土质松软肥沃、富含有机质、地下水位低、排水方便的地块最好。

每种土壤都有其独特的属性，不同特性的土壤和植物之间的相互作用不同。适宜种植工业大麻的土壤主要有砂质土、黏质土和壤土。其中，以砂质壤土最适宜，黏质壤土次之，重黏土、砂土及石灰性土壤则不利于工业大麻生长。黏重土壤排水不良，容易积水烂根，砂土易受旱。工业大麻可在pH5.0~8.5的土壤中生长，但最适宜pH在5.8~6.8之间，虽然微碱性土壤也能种植，但大麻生长差，产量低。

一、砂质土

砂质土的含砂量多，物理黏粒含量在15%左右。该类型土壤的土粒间大孔隙数量多，土粒的比表面积小，具有良好的透气性和透水性，不易产生积水和上层滞水；砂质土壤耕性好，耕作阻力小，宜耕期长，耕作后土壤疏松平坦，质量好，有利于作物根系伸展；砂质土壤保水、保肥性较差，雨后容易造成水肥流失；砂质土壤温度变化大，白天上升快，晚上下降快，高温干旱季水分蒸发速率快，易引起土壤干旱，需要注意田间补水。砂质土壤富含钾、镁和微量元素，但通常磷和氮含量低，且氮最易从土壤中流失，故该类型土壤最易缺氮。工业大麻较适宜在砂质土壤中生长，在施基肥时适宜配施农家肥，生育期需要注意追施氮肥。

二、黏质土

黏质土含砂量少，物理性黏粒含量在45%左右。该类型土壤颗粒细微，粒间孔隙小，渗水速度慢，排水不畅，容易造成地表积水、滞水和内涝。从另一方面看，因黏质土胶体颗粒含量多，固体比表面积巨大，表面能高，吸附能力强，其吸水、持水、保水、保肥性能好，含有钾、钙、镁等养分较多。因比表面积大，黏质土壤的黏结性、黏着性、可塑性、湿涨性强，故耕作时阻力大，耕作质量差，易起土垡，宜耕期短。

在黏质土上种植工业大麻，麻苗出土困难，生育期易出现根系生长不良现象。在低洼地区（例如河谷地带）的黏质土壤还易积水，需注意田间水分情况，实时排水防涝。如果需要在黏质土上种植工业大麻，在播种前应对该土壤进行改良。生产中可在土壤中添加珍珠岩、砂子、堆肥、石膏、新鲜的绿肥等，以保持土壤松散，从而有利于工业大麻的种子萌发和根系生长，也可在深秋霜冻之前，对耕地添加新鲜的叶子、草屑、农家肥料等，并进行深耕翻土。

三、壤土

壤土的土壤颗粒组成中黏粒、粉粒、砂粒含量适中，颗粒大小在 0.2~0.02 mm 之间，质地介于黏土和砂土之间，兼有黏土和砂土的优点，通气透水、保水保温性能都较好，耐旱耐涝，适种性广，适耕期长，为较理想的农业土壤。优良的壤土含有高达 50% 的空隙，内含水和空气各半，且土壤中营养充足，可供植物长期吸收利用且不易流失。另外，壤土中通常含有大量的腐殖质，腐殖质不仅能提供营养元素，而且能具有较强的吸附性，保水保肥。因此，壤土非常适宜工业大麻种植，易获得花叶高产。

第五节 养分

一、工业大麻对养分的需求

工业大麻是一种养分需要较多的植物，它可以在肥沃的土壤中快速生长。土壤是植物养分的储存库，土壤中的养分大多数以不可交换形式存在，即它们不溶解或仅微溶于水。由于化学作用或微生物作用，土壤养分中很少一部分会被溶解，从而可被植株吸收利用。正常土壤中的营养元素一般在溶解和不溶解状态之间保持平衡，因此，它们所支撑的植物会不断吸收适量的必需营养，但不会因营养元素富集而中毒。碱性土因含有大量可溶解的化合物，在干旱或者其他状态下，土壤溶液会浓缩，从而导致碱性土对植物产生毒害作用。

植物需求量最大的三种营养元素是氮、磷和钾。土壤最有可能缺乏这些元素，尤其是氮，因而这三种元素是种植者最关心的营养元素，也是大多数肥料的主要成分。在生产中，一亩花叶用大麻需吸收三大营养元素的量为：纯氮 8 kg，纯磷 3 kg，纯钾 6 kg。除主要营养元素外，土壤还为植物提供钙、镁和硫三种中量营养元素以及铁、硼、氯、锰、铜、锌和钼七种微量元素。工业大麻主要靠主根上生长的侧根吸收营养，其侧根可伸展至直径为 1.5 m 的土壤区域。在砂质土壤中或具有多孔矿物底土的土壤中，大麻的根系可长到 2 m 深的土层中。如果植株看起来茂盛、深绿色，则营养充足；如果植株看上去苍白、发黄、脆弱或不健康，则土壤可能缺乏一种或多种营养元素。

二、工业大麻对养分的吸收

工业大麻对氮素极为敏感，施氮肥增产效果显著。工业大麻吸收氮主要集中在出苗后40~80天内，此期间吸收的氮占总量的80%以上，出苗80天后，吸氮量迅速下降；吸收磷主要集中在出苗后40~60天内，占吸磷总量的65%以上；对钾的吸收与氮类似，主要集中在出苗后40~80天内，占吸钾总量的80%以上。在完成快速生长后，即进入生殖生长前期和生殖生长期，工业大麻对钾的需求量再次上升，且需求量大于氮和磷，故在雄株现蕾后，补充钾肥，有利于提高工业大麻花叶产量和CBD含量。国外的研究结果显示，在氮肥过多或太少的情况下，多数品种的工业大麻THC含量会增加，这需要在生产中引起注意。

一般植物对微量营养元素需求量很小，大多数土壤都含有足够的微量元素以满足植物的需求，故工业大麻生产中很少遇到微量营养元素缺乏的情况。但是，在生产中由于土地连作、土壤贫瘠等会出现一种或多种微量营养元素缺乏的情况。当土壤微量元素供应不足时，应施用含微量元素的肥料。常用肥料如各种有机肥、石灰、岩粉、骨粉和生物体灰分等都含微量元素。在施用微量元素时，应注意控制用量，过量施用不但起不到增产的效果，而且可能会产生毒害效应。

第四章　栽培技术

近年来，作为提取大麻二酚（cannabidiol，CBD）原料的工业大麻在全球发展非常迅猛。CBD具有抗炎、镇痛、抗忧虑、抗痉挛、抗肿瘤等多种功效，在医药、美容、保健等多个领域有广泛的应用前景。花叶用工业大麻是CBD提取的原料作物，对环境的适应性较强，是荒坡地开发利用的优选作物，尤其在我国一些地区的产业结构优化、精准扶贫等方面体现出独特优势。近年来，为适应CBD开发的快速发展需要，我国尤其是以云南为代表的一些省区，花叶用工业大麻生产规模迅速扩大，但由于发展时间短，技术积累不足，大多还沿用传统的纤用、籽用工业大麻栽培方法，致使花叶产量、质量不高且不稳定，生产成本高，经济效益低，严重影响种植者积极性，原料问题也直接影响CBD生产企业的效益，不利于产业发展。因此，探索适合我国国情、高产优质、高效可行的花叶用工业大麻栽培方法对于突破产业的原料生产瓶颈，促进产业发展具有非常重要的意义。

第一节 品种选择与种植制度

一、品种选择

由于工业大麻多为雌雄异株植物，为了防止品种的混杂，实现高产优质栽培，同时杜绝非工业大麻品种的种植，根据云南省对工业大麻种植的相关管理规定，工业大麻种子必须由获得批准的单位来制种和供种。充分成熟、饱满充实、大小均匀、色泽新鲜、发芽率达85%以上的种子，方可作种用。隔年陈种，由于发芽率低，在生产上尽量不要采用。对种子进行精选、分级和包衣等处理，可保证工业大麻出苗齐、植株健壮。

不同的工业大麻品种在同一地区种植，其生育期、性状、产量和品质等都存在较大的差异。因此，工业大麻种植品种的选择非常重要，应遵循以下原则：①根据感光性选择品种。工业大麻是短日照植物，要注意当地的日照长短对工业大麻生育期的影响；在大田栽培条件下，尤其考虑到云南等地区工业大麻播种期（3—6月）因土壤干燥难以及早播种和收获期（9—10月）降雨逐渐减少的具体气候特征，选择耐迟播的晚熟品种推迟收获，有力保障花叶的产量和质量。②根据当地自然条件选择品种。工业大麻只有与当地自然条件相适应，才能获得高产。生长季节短的地区，应选耐寒性强、生育期短的品种；土壤肥沃、水肥条件好的地区宜选择耐水肥、抗倒伏的品种。③根据栽培目的选择品种。花叶用工业大麻主要收获枝叶,应选择叶片和花序肥大、分枝能力强、花枝多、生物产量高、花叶的目标产物(如 CBD)含量高的品种。④根据当地种植方式选择品种。工业大麻与其他作物搭配种植,应注意茬口和季节的衔接。

在云南省,目前只有云麻系列品种是合法推广的工业大麻品种。"云麻 7 号"是云南省农业科学院经济作物研究所培育出的一个纤维兼药用工业大麻品种,种植面积在生产上占绝对主导地位,其种子千粒重约 25 g,药用成分 CBD 含量为 0.9% 左右,四氢大麻酚(THC)含量低于 0.2%,平均花叶亩产可达 200 kg。"云麻 8 号"的 CBD 含量比"云麻 7 号"更高,其推广面积正逐年扩大。今后将会有更加优秀的工业大麻品种可供选择种植。

二、种植制度

工业大麻的种植方式有单作、轮作、连作和间套种。不同地区应根据自然条件选择适合的种植方式,充分利用气候和土地资源,发挥农田生产能力。

生长季节较短的地区及生育期较长的栽培品种,采用单作方式种植。这种种植方式管理方便,土壤肥力好,工业大麻生育期长,产量较高。但是,单作一年仅收获一次,农田产出低,在作物生长季节较长的地区则不能充分利用气候和土地资源。

工业大麻可以连作,在土壤肥力好、施肥量大和精耕细作的条件下,能获得高产。很多麻区的农民采用连作的种植方式种植大麻。工业大麻不是病虫唯一的寄主,只要注意综合防治就可以减轻病虫害。工业大麻吸收养分主要集中在快速生长期,因而残留于土壤中的养分较多。工业大麻根系分泌的物质,不会影响自身生长发育。因此，工业大麻连作并不影响其产量和品质。尽管国外有报道称连续 20 年种植工业大麻也不影响土壤耕作性能，但在国内实践中发现，长期连作会使工业大麻病虫害加重，同时，土壤中的营养物质得不到充分补充，土壤养分失去平衡，地力消耗过多，对工业大麻生长不利，最终导致逐年减产。因此，工业大麻不适宜长期连作，一般不超过 3 年。

轮作是工业大麻主要的种植方式，它具有减少病虫草害和改善土壤营养状况的优点。工业大麻是高秆作物，随着生长发育，特别是进入快速生长后期，麻田逐渐被遮蔽，能抑制杂草的生长。由于工业大麻的根系吸收能力较弱，采收后在土壤中留下大量的有机养分。同时，麻叶落入土中，成为很好的绿肥。因此，在工业大麻种植中应合理轮作。由于自然条件不同，各地种植的作物有异，应与当地主要作物进行轮作。工业大麻可与玉米、小麦、油菜、蔬菜、瓜类、薯类、烟草等作物轮作，同时，工业大麻也是很多种作物良好的前作。工业大麻最好与两种以上的作物轮作，才能有效减少病虫害和调节地力。

工业大麻与玉米、小麦、甜瓜、豆类、洋芋等作物间套种，能有效减轻病虫害，同时，可充分利用环境和土地资源，显著提高农田单位面积产量。工业大麻间套种要特别注意两种作物在时间、空间、水肥利用上的互补性，减少两种作物间的竞争，否则不能很好地发挥间套种的优势。间套作的作物应在工业大麻封行前收获，收获后的空地可以做过道，便于砍雄麻运送出地块，不损伤雌麻。

第二节　土壤准备

工业大麻种植要获得高产,一方面对土壤要求较高,另一方面需要正确选地和精耕细作。疏松、透气、蓄水、保肥的土壤才能满足工业大麻根系发育的需要,有利于工业大麻根系生长及其养分吸收,促进株高、茎粗的增加,从而提高产量。

一、选土壤

工业大麻的种植宜选择土层深厚、保水保肥能力强、土质疏松肥沃、地下水位低、排水方便的砂质壤土,黏质壤土次之。黏性土壤排水性不好,容易积水导致工业大麻出苗差,植株烂根死苗,而砂性土壤则容易干旱。土壤酸碱度以微酸性(pH5.8~6.8)最适宜。

由于工业大麻生长期对土壤渍水特别敏感,工业大麻种植首选不易渍水的地块,以山坡地(坡度不大于25°)、台地或排水条件好的土地为宜。宜选择阳面、光照充足的地块种植工业大麻,强光利于工业大麻多发分枝和花序发育,地上部和地下部植株生长,干物质和产量增加。不宜在遮阳地和林下种植工业大麻。

根据工业大麻种植的相关管理规定,种植工业大麻的地块应离高速公路和旅游景区1 km以外,离村庄50 m以外。

云南土壤主要是红壤类型,土壤中的有机质含量在1%~3%,每亩有效氮含量6~9 kg,有效钾含量9~12 kg,有效磷在含量1.5 kg

以下，但在实践中发现有不少地区的土壤中磷、钾含量均较丰足。在云南种植工业大麻，可通过施农家肥、厩肥等有机肥，对土壤进行改良。

二、精整地

工业大麻是直根系作物，主根可以伸入 150~200 cm 的土层，大部分须根分布在 20~30 cm 土层中。因此，种植工业大麻的土壤需深耕，以耕深 25 cm 左右为宜，但干旱、半干旱地区应适当浅耕，有利于蓄水保墒。深耕、疏松土壤，可促进土壤风化，增强土壤蓄水、保肥能力，满足根系发育的需要，同时，对消灭杂草有一定效果。精细整地，使耕作层土壤细碎、疏松，有利于出苗的整齐、根系的生长和养分的吸收。

工业大麻虽然具有较强的主根，但前期根系发育缓慢而纤弱，麻株生长迅速，需肥量较大。精细耕地，多耕多耙，使耕作层疏松肥沃，有利于麻根伸长和养料、水分吸收。由于工业大麻种子出苗顶土能力弱，整地不良会影响幼苗出土，导致出苗不整齐，如果遇到阴雨天气，根际土壤积水，幼苗极易死亡，造成缺苗或产生小麻。因此，一般于前作物收获后即进行深耕，至播种前 20 天再进行碎土、耙平、耙匀，等待播种。工业大麻耐旱不耐涝，对于雨水多的地区和易发生涝害的田块应设置排水沟，以便排水防涝，增强土壤透气性。

整地具体方法：①犁地。入冬前对计划种植的地块进行深翻，深度要求 20~30 cm；②耙地。于播种前 20 天对地块进行多次碎土翻耙，土垡要求小于 2 cm，做到土壤松、碎、平、无杂草、石块；③拢墒。墒距 1.2~1.8 m，垄高 15~20 cm，垄面宽 60 cm。④打塘。要求塘窝成碗状，塘窝面宽大于 20 cm，有利于收集雨水或人工浇水。根据地力等条件，建议塘距在 0.8~1.5 m 之间。

三、施基肥

工业大麻施肥的原则为"平衡施肥、施足基肥、巧施追肥"。工业大麻前期需肥量大，基肥应占到总施肥量的 70% 以上。基肥一般为有机肥，也可以是化肥（主要是复合肥），还可以是用农家肥、化肥和微量元素肥料配合而成的肥料。工业大麻对肥料的要求，除需要有机肥料外，还需要氮、磷、钾三要素，其中以氮最多。

基肥的施用量需要根据栽培地区的土壤养分状况来确定。在播种前的耙地时将基肥翻入土壤中，或者一部分基肥作种肥于播种时施入土壤中，使土壤全耕作层肥力充足。此外，在基肥中施入少量微量元素，如硼、铜、锌、钙、镁、锰等微肥，能起到提高工业大麻花叶产量的作用。微量元素作为基肥施用，主要适用于近年内未施用过微量元素的土壤。不必每年都施微量元素，一次施用后肥效可持续 3~5 年。

深施穴施基肥。施肥量以每亩施农家肥 500 kg 以上为宜，在犁地前施下，随耕地翻入土中，再整地。在垄墒过程完成后，按 0.8~1.5 m 的塘距打塘，塘深 10~15 cm，在塘内施复合肥做基肥，将基肥与土混匀后再盖 2~3 cm 厚的土。建议使用高氮 – 低磷 – 中低钾的长效（控释）复合肥做基肥，每塘 20~40 g。

四、盖地膜

建议选用黑色地膜，黑色地膜有利于防止垄面杂草生长，保持种植塘的水分,调节地温。一般选用1.2 m宽的黑色地膜铺设（必要时根据垄宽和垄距确定膜宽）,边缘处压紧压实。覆盖好地膜后在塘内压上一锄土,既防大风吹开地膜,又利于降雨入塘。具体方法可参照烟草栽培的覆膜方法。

第三节 直播与育苗移栽

一、大田直播

在工业大麻的大田直播栽培中,抓住天时地利,进行精细操作,实现一播全苗是至关重要的,因此有工业大麻栽培"一播全苗、功成过半"的说法。

（一）播种时期

工业大麻要根据气候条件、土壤条件、品种类别、栽培制度、栽培目的等因素,适时播种。

工业大麻幼苗耐寒,当地下5~10 cm深处的地温升到8~10 ℃时即可播种。适时早播,可以延长幼苗生长期,前期主茎生长较慢,髓部空心节位提高,根系发达,麻株健壮整齐,抗倒伏能力增强。

工业大麻播种时间与当地玉米播种时期一致,一般4月上旬至5月下旬播种。在滇中地区无灌溉条件的旱地,4月中旬至5月中旬就可播种,最晚不宜超过"芒种"节令。可在雨水来临前10~15天进行"三干"（土干、肥干、种子干）播种,或下透雨后及时抢墒播种。

在不具备灌溉条件的工业大麻种植地区，降雨是决定播种时间的关键因素。生产中时常碰到播种后降雨不足造成出苗不齐或出苗后的连日干旱高温使幼苗死亡的情况，因此，实际生产中必须看准天气，宁可等待降雨，适当推迟播种，以达到一播全苗的效果。

（二）播种量和种植密度

播种量过大，增加间苗难度，费工费时；过少则不利保证全苗。耕作条件好、种子质量好的，播种量可适当减少，反之应增加。另外，注意播种量与土壤肥力有关，肥地宜稀，瘦地宜密。

花叶用工业大麻种植密度一般墒距 1.2~1.8 m（墒面宽约 60 cm），塘距 0.8~1.5 m，每塘播种 6~8 粒，经间定苗后每塘留苗 1~2 株。

（三）播种方法

花叶用工业大麻种植宜采用塘（穴）播。塘（穴）播可节省种子，让麻株长出更多分枝，但出苗期遇大雨时需注意塘内积水影响出苗。

播种塘（穴）要求上宽下窄，上口直径约 20 cm，塘深 4~6 cm。工业大麻种子顶土能力较弱，播种时宜采取浅播。播种深度，随土壤湿度和质地而异，以 4~5 cm 为宜。土壤水分充足时可浅些，一般以 3~4 cm 为宜；砂土、砂壤土以 5~6 cm 为宜；土壤干旱时，深播浅盖。播种时，基肥施塘内，种子播塘边。化肥或未充分腐熟的农家肥必须与种子隔开一定距离，以免烧苗或与苗抢水而影响出苗。覆盖细土或腐熟农家肥 + 细土 3~5 cm 厚。盖种是保证出苗的关键步骤，要求均匀一致、深浅适当、疏松透气。

由于工业大麻出苗后生长较快,一旦出现缺苗、缺塘情况就需要补种,补种后出的苗在个体生长上无竞争力,会形成小苗、弱苗。因此,为了保证田间有效苗数以及麻苗的整齐、均匀一致,可采用漂浮育苗或育苗袋育苗,与大田播种期同期播种培育部分麻苗,以备缺苗时移栽补苗用,这样移栽苗与直播苗可达到生长基本一致。

工业大麻的合理种植密度要求个体与群体分布合理,使之能协调生长,充分利用地力、阳光和空气,提高光合效率,达到高产优质的目的。密度过低,虽然单株分枝多,但生长的前、中期对地力和光能利用率低,杂草滋生,而且容易因部分植株死亡而减产,增加管理风险;密度过高,茎秆太细,株高降低,同样不利增产。工业大麻的合理密植还受土壤肥力、种子质量和播种技术等因素影响。

二、育苗移栽

(一)营养袋育苗

1. 育苗器具

可选用塑料营养杯、一次性纸杯、拉拉袋以及无纺布营养杯(无纺布营养杯育苗可以不用脱杯,直接移栽)作育苗器具。

2. 营养土

(1)发酵肥的制作。将秸秆(可混入稻草、树叶、木屑等)粉碎,与猪粪、牛粪或鸡粪等混匀。添加适量的水,水量视原料的干湿而定,含水量以最大持水量的50%~55%为宜,即手握可成团但手指缝间不滴水,松手后不散开。翻混均匀,先进行5~7天好氧发酵,待料温达40~50℃时堆垛压实。用塑料膜密封（周围压实防漏气）进行厌氧发酵。发酵的时间因环境温度不同而不同，一般情况下，春秋季 60~80 天，夏季 45~60 天，冬季 100~120 天。发酵好的堆肥气味有曲香味而不臭。

（2）营养土配制比例。按照 20%~30% 的发酵肥与 70%~80% 的菜园土混匀。

（3）病虫害防治。按 1∶150~1∶200 药土比加入辛硫磷、敌克松或多菌灵，与营养土混匀。

还可使用腐叶土或泥炭与菜园土混合，配制育苗营养土。

3. 装杯和点种

按照预计育苗数，平整出一块用于摆放营养杯的苗床。通常以 20 个营养杯为一排，这样便于计数和计划苗床面积。将营养土装入营养杯，不要装得太满，营养土离杯的上缘 1~2 cm，以便于浇水。每杯压入 3~5 粒种子，深度 1 cm，种子不能裸露于土表，必要时可在压种后撒一薄层营养土。

4. 覆盖和遮阳

点种后，覆盖一层谷壳或腐熟松碎的土粪以利于保水。平盖遮阳网后浇水，第一次浇水要浇透，以后根据天气情况每天或隔天浇一次水，保持营养土水分为土壤最大持水量的 50%~60%。若覆盖塑料薄膜，必须做成小拱棚并注意通风，谨防膜内温度过高造成焖种和烧苗。

5. 苗期管理

点种后，工业大麻一般 3~7 天出苗。麻苗一旦出土，覆盖遮阳网，但必须加支架做成小拱棚。出苗后适当控水以利于根系生长，不要过多浇水造成幼苗徒长而形成高脚苗。

出苗后，每天早晚揭开遮阳网炼苗，但在早上 11 点以后至下午 5 点以前,需覆盖遮阳网防止阳光直射,灼伤幼苗。

出苗后,最好不要覆盖塑料薄膜(除非天气突变,气温骤降),防止因未及时通风形成高温高湿的环境,造成幼苗生病或焖苗。

待幼苗生长至二叶(2 对真叶)一心或 15 cm 左右高度时,即可适时移栽。在条件许可时,适当提早移栽,可缩短缓苗期。

(二)漂浮育苗

选择地势平坦、水源方便、水质无污染、通风向阳的地方,搭建高 1.2 m 的育苗棚,采用白色塑料膜作为顶膜,并在顶膜上盖 70%~75% 遮阳率的遮阳网。采用黑色膜作为池膜,沿育苗棚四周卡槽固定,制作成高约 20 cm 的育苗池。将育苗池注入自来水或井水,深度约 10 cm。每个育苗池再施入 50% 多菌灵可湿性粉剂和 95% 敌克松可溶性粉剂各 0.1 g/L,进行水体消毒和病害预防,同时,施入高氮低磷中钾的复合肥 0.2~0.3 g/L。将草炭、珍珠岩、蛭石按照 3∶2∶1 的体积比例配制基质,用 800 倍多菌灵溶液消毒处理,基质含水量控制在最大持水量的 50%~60% 左右,将基质均匀装入漂浮育苗盘中。选用饱满种子,用 500 倍多菌灵溶液浸泡 5~10 min,对种子表面消毒处理。按照每孔 2~3 粒种子播种,覆盖 1~2 cm 厚的基质。将播种后的漂浮育苗盘放入育苗池中,用 800 倍百菌清喷洒基质表层;放下育苗棚侧膜,并压紧周围塑料膜;保持棚内通风,棚内温度控制在 30℃ 以内。出苗后,上午 11 点前和下午 5 点后揭开遮阳网,3~5 天后全部揭去遮阳网。出苗后 5~7 天,将复合肥(0.2~0.3 g/L)施入育苗池。出苗后第 18~20 天,苗高达 15 cm 左右,即可取苗带基质移栽。

漂浮育苗方法,受自然气候变化影响小,环境可控,所培育的种苗整齐一致，出苗率高达 90% 以上，能有效解决大田种子直播存在的出苗率低、出苗不整齐等问题。

（三）扦插育苗

1. 母本植株培育

在气温满足工业大麻生长时尽早稀播种植（亦可盆栽），定苗 1 株 /m^2，加强肥水管理，促进麻株生长。在麻株高度 1 m 时打顶，去掉顶梢 2 cm，促进分枝生长；在一次分枝生长至 20 cm 时再去掉分枝顶尖 2 cm，以这种方法在大麻植株上获得所需的分枝梢。

有条件的建议对大麻植株使用短光照处理，促使大麻植株提早现蕾（主要是雄蕾），现蕾后尽可能早地拔除全部雄株，保留雌株用作扦插育苗的母本植株，从而实现全雌工业大麻栽培，达到优质、高产、高效栽培目的。

2. 基质准备

按去掉未腐熟有机质的菜园土或熟化黄土：珍珠岩或蛭石：栽培用泥炭的体积比 4∶3∶3 混匀制成基质。每立方米基质使用由三唑酮或福美双配制的土壤杀菌溶液 200~300 L，浓度为产品说明书使用浓度的 2 倍，进行杀菌消毒。也可以采用纯珍珠岩或泥炭 + 营养液用于工业大麻扦插育苗。

3. 苗床整理

苗床地必须排水通畅。苗床宽度 1.2 m，长度根据需要确定，但以小于或等于 10 m 为宜。苗床上铺 10 cm 厚基质。

4. 插穗准备

当分枝梢生长至 15~20 cm 长时即用于扦插育苗。使用锋利的剪刀或单面刀片剪切插穗，长度 10~15 cm，保留顶部 2~3 个尚未完全伸展的叶片，去掉多余的叶片和叶柄，在 1/5000 高锰酸钾溶液中浸泡 20~30 min。插穗修剪过程中避免损伤插穗顶芽和茎部。

5. 扦插技术

扦插密度（3~4）cm×（10~12）cm，插深 3~5 cm。扦插要一次到位，不能反复拔插。扦插后，使用浸泡插穗的高锰酸钾溶液浇透基质。

6. 插后管理

事先准备竹篾片或定制拱架，扦插后随即支架。支架高度 50 cm，覆盖透明塑料薄膜，四周压实密封起到保湿作用，再使用遮阳网覆盖，起到遮阳、降温和减少强光辐射伤害的作用。保持膜内较高的空气相对湿度（85% 以上）和较低的基质湿度（最大持水量的 50%~60%），温度不超过 35℃。晴天的每天早、晚时段揭去遮阳物，使插穗早、晚各接受阳光 1~2 h；随着插穗的生长和适应性增强，早、晚见光的时间各延长至 2~3 h。

7. 起苗移栽

正常情况下，扦插后 10~15 天开始生根，继续培育 10~15 天，待麻苗长出 5 条根以上后，即可带土移栽。起苗前应充分湿润基质。

（四）移栽

4 月下旬至 6 月上旬，种子麻苗长至 15 cm 的高度时进行移栽。当大田土壤湿润时，取苗带土移栽，但不易腐烂或妨碍根系生长的营养袋在移栽时应予去除；在下透雨前移栽，移栽时少破地膜，移栽后浇足定根水。移栽密度：垄距 1.2~1.8 m，塘距 0.8~1.5 m，每塘 2 株，每亩栽 500~800 株。移栽后 10 天，检查移栽苗成活率，发现死苗、病苗及时使用备用苗重新移栽，浇足定根水。生产中需要根据土壤肥力、季节、管理水平和品种特性等调整移栽密度。扦插育苗是使用母本植株培育的，田间为全雌麻群体，因此每亩移栽苗数可比种子育苗的少。

移栽中应注意以下事项：

（1）用黏性差的营养土育苗的，移栽前一天必须对苗床浇透水，可防止营养土散落使麻苗萎蔫。

（2）移栽不宜太深，刚好能盖过营养土即可。如果移栽过深，浇水容易造成泥土覆盖幼苗。

（3）浇水时，既要保持水量充足，又要避免水量过大冲翻幼苗或泥土覆盖幼苗。

（4）定根水一定要浇透，浇透水后麻苗能耐干旱10~15天。

（5）若遇干旱高温天气，有条件的可以用树枝或阔叶进行遮阳防护幼苗。

第四节　田间管理

一、间苗和定苗

及时正确间定苗，能促进田间大麻生长整齐、健壮，为高产、优质奠定群体基础。间定苗的原则是"留中间、去两头"，即拔除过强和过弱的麻苗，保留生长整齐的麻苗。

（一）直播

在适宜条件下，工业大麻播种后5~7天即可出苗。播种后如遇大雨，要注意破除土壤表面板结形成的土壳，以免妨碍出苗。出苗后及时间苗，间苗一般分2次进行。第一次在出苗后

10~15 天，去除拥挤苗、疙瘩苗，使麻苗疏密一致；第二次在苗高 15~20 cm 时进行，去密留疏，去弱留壮，去病留健，拔去徒长苗、矮化苗和病虫苗，做到麻苗均匀整齐，每塘定苗 1~2 株。

间苗宜早，特别在温暖的季节，幼苗出土后生长迅速，及早间苗可为麻苗的健壮生长打下良好基础。

（二）育苗移栽

用育苗移栽的麻苗，在苗高 20~30 cm 进行间苗，根据苗情、地力、环境等情况，每塘留 1~2 株。间定苗时注意拔除病株、虫株，做到麻苗均匀整齐，同时进行查缺补苗，解决缺苗、缺塘的问题。

二、及时合理追肥

追肥可补充底肥、种肥不足，保证大麻生长中后期对养分的需求。工业大麻在苗期头两个月，植株生长需要吸收大量营养，因此，早追肥可促进麻苗生长健壮，为快速生长期打好基础。追肥与间苗、中耕结合进行，可分三次：第一次与间定苗同时进行，每塘施用尿素 7~10 g 用于提苗；第二次在苗高 100~150 cm 时，每塘施用尿素 15~20 g；第三次在砍雄麻后进行，雌麻每塘施用尿素 15~20 g。追肥以速效肥为主，对于有效钾含量低的土壤，应注意追施速效钾肥。追肥时，应看准天气，将化肥撒在工业大麻的根部附近（不能离茎基部太近，避免烧根），利用雨水融化肥料并渗入土壤中；或施完肥料后浇水灌溉。有条件的建议将肥料施入土内，以减少肥料的流失浪费。追肥应尽量均匀，必要时根据麻苗状况追施平衡肥，即生长差的地块适当多追肥，生长好的地块少追肥，使麻苗生长整齐一致，以减少麻苗生长不均而引起植株间的相互竞争，小麻增多，花叶产量降低等问题。

三、中耕除草

直播栽培的工业大麻，在播种后经过一场透雨后 2 天，即在播后出苗前，全田特别在行间可喷施一次除草剂。同时，可以结合间苗、定苗进行中耕、除草 1~2 次。

中耕不仅可起到疏松土壤、散湿增温、促下控上和消灭杂草的作用，还可促进根系发育，促使主根下扎和侧根快发。中耕主要在苗期进行，麻苗进入快速生长期以前，结合间苗，追肥 1~2 次。最后一次中耕应结合培土。尤其在云南，工业大麻快速生长期恰逢雨季，气温高，麻茎生长快，为防止倒伏，培土尤为重要。

工业大麻封行后，杂草不易生长，地面蒸发小，不便进入田间工作，不宜再进行中耕等田间操作。

工业大麻田间除草可以用人工除草或除草剂除草。除草剂使用方法参考本书第五章病虫草害防治。喷药时注意防止漏喷或喷洒在植株上，造成药害。锄头除草可以疏松行间土壤，有利于大麻的根系生长，更多地吸收土壤中的养分，促进植株生长。

四、科学管水

工业大麻虽然需要充足水分才能高产，但工业大麻耐旱不耐涝。一般情况下，工业大麻不需要特意浇水也能获得较高的产量。在雨水较多的地区应注意排水。

工业大麻在苗期需水不多，为了使麻苗根部发育健壮，并使根系伸向土层的深处，土壤不宜过湿，做到苗期不干旱不浇水。苗期若遇雨水多、地湿，应注意排水，必要时结合中耕，使表土疏松通气，以利于水分散发，降低土壤湿度。

麻苗长到 50~60 cm 进入快速生长期。这一时期生长量大、干物质积累多，消耗水分最多，土壤湿度宜高，以田间土壤持水量 70%~80% 为最佳。一般当 1 周左右无雨、田间显旱时，有条件的应进行灌溉，以滴灌最佳。雨水多的地区，则应注意排水，防止涝害。云南工业大麻的快速生长期正值雨季，要注意开沟排水，否则会引起植株倒伏，根部淹水，影响植株正常生长，甚至烂根死亡。

工业大麻生长后期，植株高大，应注意气候变化，防止风雨交加时植株倒伏。

第五节　收获

一、砍雄麻

雄麻（公麻）为工业大麻的雄性植株。雄麻在 8 月中旬前后进入始蕾期（见彩图 1），这个时期是提高工业大麻花叶质量和产量的关键时期，要求及时砍除雄麻，避免雄麻传播花粉造成雌麻结实。砍雄麻要做到及时、干净、彻底，雄麻花期持续时间长，务必在能够辨认雄麻时及时砍掉雄麻，等到开花散粉时再砍雄麻就已经晚了。如果是全雌品种或雌株扦插育苗的，可省略砍雄麻环节。砍雄麻的重要性体现在如下几个方面。

（1）雄麻始蕾期是雄麻花叶产量最高时期，及时砍除雄麻能获得最高的雄麻花叶产量。

（2）及时砍除雄麻，雌麻没有授粉受精，会一直处于待授粉状态，不断促使中下部侧枝开花而不断生长，因雌麻的生长周期延长而提高雌麻的花叶产量。

（3）降低密度，减少落叶。若有落叶，要及时拾捡。据统计每亩落叶可达 30~50 kg。

（4）及时砍除雄株，可减少养分消耗，利于通风透光，促进雌麻生长。

二、收获雌麻

雌麻（母麻）为工业大麻的雌性植株。雌麻必须在麻籽灌浆充实（即麻籽变硬）前收获。若雄麻砍收干净，雌麻没有授粉，则可让雌麻继续生长 6~8 周后再进行收获。一般到 9 月下旬雌麻进入采收期，可以根据大田植株实际生长情况进行收获。如果植株没有衰退现象和没有结实现象，可以延迟采收时间；如果发现植株中下部叶片发黄，则要及时收获。

三、收获方法

在云南，工业大麻多采用人工收获。人工收获方法有两种：一种方法是用镰刀将工业大麻的麻茎齐地割下，收割后，按长短、粗细、老嫩分别捆成小捆，竖立田间，避免田间堆焐、霉烂，干燥后收集花叶。或者对割下的麻茎秆采集鲜花叶，采下后的花叶集中到场院内进行晾晒干燥或室内阴干。另一种方法是用镰刀将花枝砍下，扎把晾晒，干燥后及时收集花叶。

四、花叶晾晒

花叶采收后，可以因地制宜采用不同晾晒方法。晾晒的方法主要有以下几种：

（一）室内平铺阴干

新鲜花叶采集后，集中到室内，平铺阴干。注意不要平铺太厚，并要适时翻动，防止堆焐、霉烂。

（二）麻地挂秆晒干

将工业大麻花枝砍下，扎把，在麻地里直接挂在麻秆上进行晾晒干燥。

（三）室内挂网阴干

将工业大麻主花序及分枝砍下，集中到室内，挂在网上进行阴干。

（四）室外拉线晾干

将工业大麻主花序及分枝砍下，扎把后，挂在室外绳子上晾干。

五、花叶质量要求

质量合格的工业大麻花叶要求：①无杂质，即无花叶以外的异物，如麻枝梗、麻籽、薄膜、泥土、树叶、杂草、石子等；②含水量在10%以下；③气味、颜色正常，无霉变、腐烂、异味等；④无计划种植品种之外的其他品种花叶混入。

第五章 病虫草害防治

花叶用工业大麻种植生产过程中，会受到各种病虫草害影响，造成植株生长发育不正常，最终影响花叶的产量和质量。因此，病虫草害的防治是花叶用工业大麻种植管理中非常重要的工作。我们根据全国各地报道出的相关文献资料，整理总结出工业大麻病虫草害及其防治的相关知识，期望能为花叶用工业大麻种植的病虫草害防治提供参考。

第一节 病害及其防治

在田间生产中，我们观察到工业大麻的根、茎、叶、花等部位均会发生病害。据统计工业大麻的病害超过100种，其中比较严重的是霜霉病、灰霉病、白星病、白斑病、霉斑病等真菌性病害，下面就其基本情况和防治方法进行简要的介绍。

一、大麻霜霉病

1. 症状与危害

大麻霜霉病，常见于华北、东北和云南等麻区，病原菌为大麻假霜霉 [*Pseudoperonospora cannabinus*（Otth.）Curz.]，危害工业大麻叶和茎。叶片上的病斑呈褐色，沿叶脉延展，不会横穿叶脉，背面生一层灰黑色霉状物（见彩图3）。茎部染病产生轮廓不明显的病斑，有时茎秆弯曲。阴雨连绵的高湿环境易导致该病发生。发病后叶片萎缩，严重时叶片脱落，植株生长受阻或枯死。

2. 防治方法

（1）农业防治措施。①与玉米、大豆等进行3年以上的轮作；②来年种植工业大麻的地块，在前茬作物收获后及时清理茎叶、杂草，并深翻耕后暴晒土壤消毒；③麻地日常管理中，注意增施有机肥，培育壮苗。

（2）化学防治措施。①播种时，采用杀菌剂拌种或浸种的方法防止种子带病；②在发病初期及时用药，一般用80%碱式硫酸铜悬浮剂200~250倍液喷雾、50%福美双可湿性粉剂500倍液、50%退菌特可湿性粉剂500倍液等防治效果显著。

二、大麻灰霉病

1. 病状与危害

大麻灰霉病在各麻区均有发生，病原菌为灰葡萄孢（*Botrytis cinerea* Pers ex Fr.），主要危害工业大麻叶片和雌花序。叶片和顶梢感病发生枯萎。发病前期，如遇不利发病天气，病斑停止扩展而成黑褐色略下陷的条斑。顶端雌花发病，首先小叶变黄和枯萎，然后花柱开始变褐，整个花序不久就被灰色绒毛状菌丝包被（见彩图4）。灰霉病寄主多，在空气湿度大、流动性不好和低温条件下，病原菌繁殖能力强，可借雨水溅射、水流、气流传播，特别是带病原孢子的腐烂病叶、败落的病花落在健康部位即会发病，防治较困难。接近收获期最易感染，一周内可全田发病，对花叶产量影响较大。

2. 防治方法

（1）农业措施和药剂拌种方法同霜霉病。

（2）化学防治措施。发病初期，可选用50%腐霉利可湿性粉剂1500倍液、50%异菌脲可湿性粉剂每亩50 g兑水和40%嘧霉胺悬浮剂1500液进行喷雾防治，并轮换使用，有效减缓病原菌抗药性的产生，保证田间的防治效果。

三、大麻白斑病

1. 病状与危害

大麻白斑病，常见于辽宁、吉林等麻区，病原菌为大麻叶点霉 [*Pbllostica cannabis*（Kirchn.）Speg.]，主要危害工业大麻叶片。叶片发病时初生褐色圆形或近圆形病斑，后变为灰白色，病斑上多数形成同心轮纹，中心白色，上生黑色小粒点，严重影响光合作用（见彩图5）。

2. 防治方法

（1）农业措施同霜霉病。

（2）化学防治措施。发病初期，喷施12%绿乳铜乳油800倍液、60%百菌清可湿性粉剂500倍液、14%络氨铜水剂300~400倍液均有较好的防治效果。

四、大麻霉斑病

1. 病状与危害

大麻霉斑病为工业大麻常见病害，病原菌为大麻尾孢（*Cercosporina cannabinus* Hara et Fukui.），主要危害叶片。发病初期在叶片上生出暗褐色小点，后扩展成近圆形至不规则形病斑，大小为 2~10 mm，中央浅褐色，周边淡黄色，发病重的叶片上布满大大小小病斑，后期病斑背面生黑色霉层，致叶片干枯早落（见彩图 6）。荫蔽低洼、黏性土壤、管理跟不上的麻田易发病，病部可不断产生分生孢子，分生孢子借气流传播，造成大面积发病而影响产量。

2. 防治方法

（1）农业措施和药剂拌种方法同霜霉病。

（2）化学防治措施：发病初期，喷施 50% 琥胶肥酸铜可湿性粉剂 500 倍液、60% 多福混合剂 600~800 倍液、36% 甲基硫菌灵悬浮剂 500 倍液、50% 苯菌灵可湿性粉剂 1500 倍液、65% 甲霉灵可湿性粉剂 1000 倍液均有较好的效果。

五、大麻白星病

1. 病状与危害

大麻白星病，常见于山东、东北等麻区，病原菌为大麻壳针孢 [*Septorial cannabinus*（Lasch.）Sac.]，主要危害工业大麻叶片。发病初期沿叶脉产生多角形或不规则形至椭圆形，黄白色、淡褐色至灰褐色病斑，大小为 2~5 mm，有时四周具褐色晕圈，后期病部生出黑色小粒点，发病严重时病斑融合会造成叶片脱落，只有顶部叶片保持绿色（见彩图 7），生长发育受阻。高温、潮湿，特别是排水不良的阴湿地块或偏施、过施氮肥的麻田发病重，影响产量。

2. 防治方法

（1）农业防治措施：①选择坡地或排水状况良好的地块种麻；②麻地管理中应注意控施氮肥，多施磷、钾肥和有机肥。

（2）化学防治措施：①播种前，种子采用 12% 甲硫悬浮液，并按药种比 1∶50 拌种；②发病初期，选择波尔多液或 14% 络氨铜可湿性粉剂 300 倍液、60% 琥胶肥酸铜（丁二酸铜、戊丁二酸铜、己二酸铜的混合物）可湿性粉剂 500 倍液、50% 甲福混剂（甲霜灵＋福美双）可湿性粉剂 600~800 倍液、50% 苯菌灵可湿性粉剂 1500 倍液等药剂喷施进行防治。

六、大麻立枯病

1. 病状与危害

大麻立枯病为工业大麻苗期常发病害，病原菌为拟分枝孢镰刀菌（*Fusarium* spp.）。幼苗感染后表现为近地面处的茎开始变黄，后变黄褐色至黑色，受害茎纤细，倒苗死亡（见彩图 8）。在高温多湿、地势低洼、栽种过密、通风透水差和连作地块发病严重，一旦植株发病，其上的病菌能借风雨传播，很快蔓延至整块麻田，造成大面积缺苗。

2. 防治方法

（1）农业防治措施：①与其他作物进行 3 年以上轮作。②来年种植工业大麻的地块，在前茬收获后要及时清除茎叶、杂草等植株残体，同时深翻耕土壤破坏病原菌的越冬环境。③选择地势高、排水状况较好的地块种麻。④栽培管理上尽量稀植，及时清除杂草，保障地块空气流通和排水系统通畅。

（2）化学防治措施：①播种或育苗前，种子用 50 倍的福尔马林溶液浸种 1 小时消毒，育苗的营养土用适量的 40% 或 50% 托布津配制药土撒施消毒；②发现病株及时拔除销毁，同时每平方米用 5~10 g 70% 五氯硝基苯粉剂消毒土壤；③发病初期，用 20% 甲基立枯磷 1500 倍液或 15% 恶霉灵 500 倍液喷洒防止扩大蔓延。

七、大麻秆腐病

1. 症状与危害

大麻秆腐病，病原菌为菜豆壳球孢 [*Macrophomina phaseoli*（Maubl.）Ashby]，主要危害工业大麻苗期茎秆和叶片，染病后引起猝倒。茎秆染病后产生梭形至长条形病斑，后扩展到全茎，引起茎枯（见彩图 9）。叶片染病产生黄色不规则形病斑，叶柄上产生长圆形褐色溃疡斑。多雨、高湿、高气温天气易诱发此病，地势低洼，麻株生长不良或偏施、过施氮肥发病重。

2. 防治方法

（1）农业防治措施：①加强麻地管理，控制氮肥的用量，增施有机肥，培育壮苗；②其他措施同大麻立枯病。

（2）化学防治措施：发病初期，喷施 75% 百菌清可湿性粉剂 600 倍液、80% 喷克可湿性粉剂 600 倍液等药剂进行防治。

八、大麻根腐病

1. 症状与危害

大麻根腐病，病原菌为茄腐皮镰刀霉（*Fusarium solani* App

et Wr.），麻株感染后，前期表现为白天地上部萎蔫，晚上则又恢复，后期地上部完全萎蔫或倒伏，根部变红、腐烂、坏死（见彩图10）。土壤有机质含量低、土壤板结不透气和根部损伤是根腐病发生的重要因素。麻株发病后病原菌会随雨水或灌溉水传播，造成大面积麻株萎蔫倒伏而减产。

2. 防治方法

（1）农业防治措施：①选择土壤有机质丰富、透气性好的地块种植工业大麻；②加强田间管理，易板结的地块增施充分腐熟的农家粪或生物有机菌肥，灌溉或雨后土壤板结，应及时进行中耕松土。

（2）化学防治措施：发病早期，用12.5%治萎灵200~250倍液进行灌根防治，每塘50~100毫升。

此外，工业大麻还有猝倒病、细菌病、菌核病、镰刀菌病、黑斑病、根线虫病等，一般采取轮作、培育壮苗、收获后清洁翻耕农田等农业防治措施就能取得很好的防治效果。

第二节 虫害、鼠害、鸟害及其防治

田间调查发现，工业大麻虫害近80种，其中大麻跳甲、玉米螟、小象鼻虫等危害较为严重，下面就其基本情况和防治措施进行简要的介绍。

一、大麻跳甲

大麻跳甲（*Psylliodes attenuata* Koch.）属鞘翅目，叶甲科，

俗称麻跳蚤，寄生于白菜、萝卜、工业大麻、啤酒花等作物上，在各麻区均有发生，是危害工业大麻最严重的害虫之一（见彩图11）。

1. 生活习性

跳甲一年发生1代，春季成虫交尾后产卵于大麻须根附近，经过10~14天，卵孵化为幼虫。幼虫生活在土内，极活泼。7月下旬到8月下旬长成成虫（体长1.8~2.6 mm），成虫生活于地上，不能飞，善跳跃，遇惊扰即蹦跳逃逸，具有趋光性。9月以后成虫在杂草丛间或土缝内越冬。

2. 危害特点

幼虫取食嫩根，影响根系生长和对养分的吸收。成虫喜欢聚集在幼嫩的心叶上危害，把麻叶啃食成很多小孔，严重的造成麻叶枯萎，影响大麻生长发育。后期雄麻收割后，成虫会进一步集中到雌麻上，严重影响花叶产量和质量。

3. 防治方法

（1）农业防治措施：来年种植工业大麻的地块，前茬收获后及时清除田间残株、落叶和杂草，同时进行秋耕，破坏跳甲越冬环境。

（2）无公害防治措施：①利用成虫跳跃习性，可使用粘胶板防治成虫。②利用成虫的趋光性，可使用灯光诱杀成虫。

（3）化学防治措施：①幼虫期，可用氰戊菊酯乳油3000倍液或25%杀虫双水剂500倍液灌浇根部进行防治。②成虫期，可喷洒90%晶体敌百虫800倍液或50%辛硫磷乳油1000倍液进行防治。

二、玉米螟

玉米螟（*Ostrinia nubilalis* Hubern.）俗称蛀心虫、蛀秆虫，在全国各地均有发生，是一种钻蛀性害虫，主要危害玉米、高粱、谷子等大田作物。由于麻区多采用与玉米混种或者轮作，故玉米螟对工业大麻的危害也较为严重（见彩图 12），且难于防治，素有"哑巴灾"之称。

1. 生活习性

玉米螟的发生世代随纬度变化而异，在黑龙江和吉林长白山地区每年发生一代，而在云南中部地区每年发生 3~4 代。玉米螟以老熟幼虫寄生在作物或杂草里越冬，翌年化蛹、羽化为成虫，成虫于嫩叶、嫩茎和葎草中产卵，3~8 月初孵化为幼虫，幼虫多从嫩茎蛀入，并从孔道内外排出黄褐色颗粒状粪便堆积在虫孔处，蛀食的嫩茎上形成肿瘤和孔洞，越冬代幼虫即隐居其中越冬。

2. 危害特点

玉米螟幼虫多从工业大麻幼嫩的主茎或分枝处蛀入茎秆中，且虫体体态比生长在玉米中的更粗壮。收获期造成茎秆遇风折断或因阻碍养分的运输导致植株早衰而严重减产。

3. 防治方法

（1）农业防治措施：①尽量避免单独与玉米轮作或在靠近种植玉米的地块种植工业大麻。②来年种植工业大麻的地块，前茬收获以后及时清理秸秆、根茬以及杂草，以减少越冬幼虫羽化和产卵。③春播前漫灌蓄墒或苗期灌水，也可杀死部分越冬蛹和幼虫。

（2）生物防治措施：①利用白僵菌和 BT 乳剂，用菌量为 1 m³ 秸秆垛用菌粉 100 g 加水稀释，在越冬幼虫化蛹前进行喷雾封剂，具有很好的防治效果，且对人畜安全。②在玉米螟产卵盛期，有条件的可释放其天敌赤眼蜂 2~3 次破坏虫卵，一般每亩释放 1~2 万头。

（3）无公害防治措施：利用成虫的趋光性和取食甜味习性，在田间放置黑光灯和毒饵（红糖：醋：杀虫剂 =2 : 1 : 1）进行诱杀。

（4）化学防治措施：①可用 80% 杀虫单可溶性粉剂每亩 50 g 兑水 100 kg 泼浇和 24% 新宝乳油每亩 90 ml 兑水喷施，药效持续时间长，防治效果好。②在玉米螟孵化盛期，可用 40% 氰戊菊酯乳油 1300 倍液进行喷雾防治。

三、大麻夜蛾

大麻夜蛾（*Mamestra persicariae* Hr）属夜蛾科，是一种杂食性害虫，广泛分布于各地，危害大田作物、果树、蔬菜以及野生植物，是各麻区的常见虫害之一（见彩图 13）。

1. 生活习性

大麻夜蛾 1 年发生 1~4 代，各地代数因气候条件等不同而有差异。成虫昼伏夜出，在晚间 9~11 时飞翔最盛，对黑光灯和糖醋气味有较强趋性。成虫多产卵于生长茂密的植株叶背，在温度为 23.5~26.5℃时，4~5 天卵化为幼虫。幼虫共 6 龄，夜间啃食植物叶片，4 龄后食量大增，5~6 龄为暴食期。4~9 月份为幼虫盛发期，后以老熟幼虫入土 6~7 cm 做土茧化蛹越冬，翌年气温达 15~16℃时越冬蛹羽化为成虫。

2. 危害特点

大麻夜蛾以幼虫危害工业大麻的叶片，初孵幼虫群集叶背取食叶肉，残留表皮，呈密集的纱布状，3 龄后轻则将叶片吃成小孔洞或缺刻，重则仅留叶脉和叶柄，春秋季雨水过多时危害更重，严重影响工业大麻花叶产量。

3. 防治措施

（1）农业防治措施：①前茬作物收获后及时翻耕地块，杀死部分虫蛹，降低越冬蛹基数，减少虫源；②与非十字花科的蔬菜作物进行轮作，切断虫源。

（2）生物防治措施：①保护和利用赤眼蜂、松毛虫等天敌，于卵期，每亩释放3000头，隔5天放1次，视虫情释放2~3次；②利用昆虫病毒类微生物杀虫剂进行防治，于卵化盛期用 $2.5×10^{12}$ PIB/L 甘蓝夜蛾核多角体病毒水剂200~300倍液进行喷雾防治；③利用植物源杀虫剂进行防治，用0.5%川楝素乳油800~1000倍液，于成虫产卵高峰后5~7天或幼虫2~3龄时，均匀喷雾。

（3）无公害防治措施：①采用糖：醋：酒：水=3：4：1：1的糖醋液，再加入少量甜而微毒的敌百虫原药，在夜间9~11点时诱杀成虫。②利用成虫的趋光性，田间设置频振式杀虫灯或黑光灯诱杀成虫。

（4）化学防治措施：①大麻夜蛾卵孵化盛期，选用15%茚虫威悬浮剂3000~4000倍液或5%氟虫脲可分散液剂1000~1500倍液均匀喷雾。②低龄幼虫期，可交替选用25%灭幼脲悬浮剂1500~3000倍液和5%虱螨脲乳油1000倍液喷雾。③幼虫3龄之前，可交替选用20%虫酰腈悬浮剂500~600倍液、10%虫螨腈悬浮剂1000~1500倍液、20%虫酰肼悬浮剂500~600倍液等均匀喷施于叶片正、背面。

四、大麻小象鼻虫

小象鼻虫（*Rhinoncus pericarpius*）属鞘翅目象虫科，食性专一，主要危害工业大麻（见彩图14），在安徽等麻区危害较重。

1. 生活习性

每年发生1代，以成虫在麻地枯枝落叶下越冬。越冬代成虫通常在3月中下旬出现，一般成虫出现2~3天后开始交配，交配后1~2天产卵。4月初开始有幼虫孵化，5月上旬开始化蛹，5月中旬开始羽化为新生代成虫。新老成虫可重叠发生。新生代成虫自6月底至7月初开始离开麻株蛰伏，至翌年春季出现。

2. 危害特点

成虫和幼虫均能危害工业大麻。成虫取食麻叶、茎尖和腋芽，或以口器插入嫩茎内部，吸食汁液。茎尖受害后，会从叶腋外产生大量分枝，影响麻株的生长发育。幼虫在孵化后，便钻入茎内生活，蛀食茎髓。麻茎被蛀后，呈肿瘤状，受风害易折断，造成减产。

3. 防治方法

（1）农业防治措施：①与其他作物进行轮作；②危害较重的麻地，收获后及时秋耕，清除田边杂草，消灭越冬成虫。

（2）化学防治措施：在越冬成虫活跃期用2.5%敌百虫粉进行防治，一般亩撒1~1.5 kg，隔1周后在成虫盛发期再撒药一次。

五、大麻天牛

大麻天牛（*Paraglenea swinhoei* Bates）俗名麻根虫，属鞘翅目天牛科。全国麻区均有发生（见彩图15），华北、东北等麻区危害较重。

1. 生活习性

每年发生 1 代，以老熟幼虫在麻茬内越冬，极少数在茎秆内越冬。5~6 月化蛹，蛹经过 15 天羽化为成虫，随之交尾产卵，卵多产在幼嫩茎上。卵经 1 周孵化，6 月中下旬进入卵盛孵期，初孵幼虫先在茎皮下取食，幼虫蜕皮后蛀入髓部，逐渐向下蛀入根部，以虫粪和黏性分泌物封堵蛀孔越冬。

2. 危害特点

成虫和幼虫均危害工业大麻。成虫咀食麻叶和嫩茎表皮，受害麻叶破裂下垂而枯萎，幼虫蛀食麻茎破坏输导组织，后期幼虫蛀至根部咬断木质部。被蛀麻株生长不良，遇风折断、倒伏枯死。

3. 防治方法

（1）农业防治措施：危害较重的地块，收获后及时进行秋耕，清理麻根、麻秆并销毁，来年种植工业大麻可显著减轻虫害。

（2）无公害防治措施：利用成虫假死性，在成虫盛发期于清晨组织人力捕杀成虫。

（3）化学防治措施：在成虫盛发期，喷洒 90% 晶体敌百虫 900 倍液、50% 马拉硫磷乳油和 80% 敌敌畏乳油 1500 倍液进行防治。

六、蚜虫

蚜虫（Aphidoidea）种类多，发生代数多，繁殖快，分布广，是危害棉、麻等经济作物的重要害虫之一（见彩图 16）。

1. 生活习性

蚜虫 1 年能繁殖 10~30 个世代，世代重叠现象突出。一般 10

月份以后越冬代蚜虫在一些农作物和禾本科杂草上产卵越冬，3~4月卵化，5月后迁移到其他农作物上，5~8月份为蚜虫危害盛期。

2. 危害特点

蚜虫危害大麻各生长阶段的嫩茎叶，其中旺长期危害最严重，云南大麻种子成熟期亦常见蚜虫危害。成群聚集，直接刺吸叶片，叶片出现斑点、皱缩，造成营养物质缺失和光合作用降低，生长延迟或停滞。此外，蚜虫还可以传播各种病害，造成更大的损失。

3. 防治方法

（1）农业防治措施：危害较重的地块，收获后及时清除茎秆和杂草，破坏其越冬环境，来年种植工业大麻可显著减轻虫害。

（2）生物防治措施：瓢虫为蚜虫的主要天敌，有条件的可以在蚜虫危害期间释放瓢虫捕食蚜虫，可避免药剂防治。

（3）无公害防治措施：①于傍晚在蚜虫危害的植株下放置糖醋液（酒、水、糖、醋比例为1∶2∶3∶4）进行诱杀，效果十分显著。②有翅蚜虫对黄色、橙黄色有较强的趋性，把涂抹上10号机油、凡士林的黄色板插挂于田间诱杀。③蚜虫具有趋光性，可把黑光灯置于蚜虫大量发生的植株旁进行诱杀。

（4）化学防治措施：危害严重时，选用10%吡虫啉可湿性粉剂2000倍液、2.5%保得乳油2000~3000倍液、20%康福多浓可溶剂3000~4000倍液进行喷雾防治。

七、小地老虎

小地老虎（*Agrotis ypsilon*）又名土蚕、切根虫，能危害包括工业大麻在内的百余种作物，全国各麻区均有发生（见彩图17）。

1. 生活习性

越冬代成虫通常在 2 月中下旬羽化，3 月中下旬进入成虫羽化高峰。成虫寿命 7~20 天，喜欢在近地面的作物幼苗叶背、残留枯草或草根的土表上产卵，4 月下旬和 5 月上旬是高龄幼虫盛发期，幼虫老熟后入土筑室化蛹越冬。

2. 危害特点

危害工业大麻的主要是高龄幼虫，白天躲在离表土 2~7 cm 的土层中，夜间爬出地表从植株 2~3 cm 处咬断植株，然后把植株地上部分拉入土中，造成缺苗。

3. 防治方法

（1）农业防治措施：①来年种植工业大麻的地块，清除杂草，并集中销毁，以消灭成虫和幼虫。②播种前翻耕整地，春夏季多次中耕、细耙，消灭表土层幼虫和卵块。

（2）无公害防治措施：利用成虫对糖醋酒混合液的趋食性和趋光性，用糖醋酒液、灭蛾灯、黑光灯诱杀越冬成虫。

（3）化学防治措施：①在幼虫高发季节，将鲜菜叶切碎或米糠炒香，拌 5.7% 天王百树乳油 800 倍液或 90% 晶体敌百虫 500 倍液，傍晚时撒放植株行间或根际附近进行毒饵诱杀。②在出苗或移栽当日傍晚用 50% 辛硫磷 1000 倍液、2.5% 敌杀死 1000 倍液、50% 敌敌畏 1000 倍液任选一种喷洒塘内。

八、黄翅大白蚁

黄翅大白蚁（*Macrotermes barneyi linght*）属等翅目白蚁科，为土栖性白蚁，分布于云南、安徽等大部分省区，危害林木和包括大麻在内的一些农作物（见彩图 18）。

1. 生活习性

黄翅大白蚁营巢群体生活，整个群体包括许多个体。营巢后约6天开始产卵，第一批卵30~40粒，以后每天产4~6粒，卵期约40天。幼蚁发育成工蚁需要4个多月，发育为有翅成虫需历时7~8个月，发育为兵蚁要4~7个月。

2. 危害特点

危害工业大麻的主要是工蚁和有翅成虫，取食根部和茎基部外皮、韧皮部，拔除植株可看见根部有明显的虫眼。

3. 防治方法

（1）农业防治措施：①压烟法，可在翻耕时施用烤烟烟丝，既做底肥又起到防治作用。②挖巢法，附近有蚁巢的地块，冬天蚂蚁很少外出时直接人工挖巢消灭。

（2）无公害防治措施：黄翅大白蚁的成虫都有较强的趋光性，可在每年4~6月间有翅成虫分飞期，采用黑光灯和其他灯光诱杀。

（3）化学防治措施：幼苗期，对受害植株用90%敌百虫和50%辛硫磷乳油1000倍液扒开根部直接喷药，或者播种前随底肥施用。

九、金针虫

金针虫是常见的地下害虫，是鞘翅目（Coleoptera）叩甲科（Elateridae）昆虫幼虫的总称，我国南北均有分布，食性杂，啃食多种幼苗的根、嫩茎和萌芽初期的种子，可危害大麻等多种农作物（见彩图19）。

1. 生活习性

金针虫一般生活在秸秆还田腐熟不好和管理耕作粗放的地块，以成虫或幼虫在土中越冬，2~3 年完成 1 个世代。金针虫在土中活动受温度、湿度条件的影响很大，依土壤温湿度变化做垂直运动，当 10 cm 深土层温度 6℃时即做上升运动，土温达 10℃~20℃时可严重危害果实和幼苗，春季多雨水则危害加重。

2. 危害特点

金针虫危害工业大麻幼苗根部，可以把根部蛀空而导致地上部萎蔫，用手轻提幼苗即可从蛀空部分提断幼苗。

3. 防治方法

（1）农业防治措施：①种植前要深耕多耙，收获后及时深翻暴晒，可以杀死部分害虫。②麻地管理中，施用的有机肥要充分腐熟。

（2）无公害防治措施：利用金针虫成虫的趋光性，于成虫发生期在田间设置杀虫灯诱杀成虫。

（3）化学防治措施：田间发现虫害时，可用 2.5% 敌百虫粉掺土和复合肥一起散施塘内毒杀。

十、鼠害

鼠类（Muroidea）为小型哺乳动物，由于其适应性强，繁殖快，分布广，已经成为世界公害之一。

1. 生活习性

幼鼠出生 2~3 个月即可怀孕，全年大部分时间都在繁殖。一般每年怀孕 5~7 次，平均每胎 6~12 只，喜食高蛋白或高碳水化合物的食物，主要在夜间活动，黄昏和黎明是活动的高峰时段，对过去不良经历会产生回避行为。

2. 危害特点

鼠类对工业大麻的危害主要是播种后扒食种子和啃咬刚萌发的幼苗，造成大面积缺苗，或者后期取食麻籽。

3. 防治方法

（1）农业防治措施：收获后及时清除茎秆杂草，堵塞鼠道，破坏其栖息的环境，控制鼠类的生存繁殖量，来年种植可减轻鼠害。

（2）无公害防治措施：①播种后，使用鼠夹、粘鼠板、鼠笼、驱鼠器、电子灭鼠器等工具捕杀。②麻地管理中，有条件可饲养猫、鹰等天敌来进行生物防治。

（3）化学防治措施：①播种前，可结合防治地下害虫、土传病害对种子进行化学试剂包衣，对鼠害具有一定防治作用。②播种后，麻地按一定的距离及时投放鼠药防治鼠害，其中慢性灭鼠药需多次取食，不会引起鼠类警觉，能一网打尽，防治效果最佳，对人畜也相对安全。

十一、鸟害

世界上的鸟类有9000多种，我国有1400多种，多数鸟类会吃害虫、吃草籽，也会吃庄稼。如今随着民众环保意识的增强和生态环境的恢复，各种鸟类数量均呈上升状态，对作物的危害也逐渐显露出来，麻雀、山雀、斑鸠、喜鹊、百舌子、白头翁等是危害作物种子的常见鸟类。在生产中，我们也观察到了鸟类对工业大麻种植的影响。

1. 危害工业大麻的鸟类

麻雀（Passer）是危害工业大麻的常见鸟类之一，是文鸟科麻雀属 27 种小型鸟类的统称。它们的大小、体色甚相近，一般上体呈棕、黑色的斑杂状，因而俗称麻雀。它们适应能力及繁殖能力极强，喜欢群居，多活动于人类居住的地方，主要以谷物为食，在庄稼收获季节多结成大群飞向农田吃谷物，容易形成雀害。

2. 危害特点

麻雀主要危害工业大麻麻籽和刚播下的种子。种植过程中，刚播下的种子，常常会被麻雀等鸟类从土层中扒出来吃掉，甚至是已经出苗的干瘪种子也不放过，特别是早播的工业大麻危害最重，常需要补苗或重播。此外，从工业大麻籽粒灌浆起就不断有成群的麻雀啄食麻籽，对花叶产量，尤其是麻籽的产量造成影响。

3. 防治措施

（1）农业防治措施：①田间播种时，种子要用土盖好，不能有种子裸露于地表，以免招引麻雀等鸟类的扒食。②改直播为育苗移栽，育苗地架设尼龙网，周边垂到地面并用土压实以防麻雀等鸟类的飞入。

（2）无公害防治措施：①形状驱赶法，最常见的是稻草人，也可放置老鹰、猫头鹰等天敌模型进行驱赶。②声音驱赶法，通过音响设备在田间播放驱赶麻雀等鸟类的吼声或使其惧怕的声音，以及安装冲击波声压驱鸟器等。③光驱赶法，挂反光带或彩条，利用在阳光下不停地晃动的特点进行驱赶。

（3）化学防治措施：这里是指在田间喷洒麻雀等鸟类不愿啄食或感觉不舒服的生化物质，迫使它们到其他地方觅食，并不是杀死它们，因为害鸟和益鸟并没有明确的界限，其中氨茴酸甲酯是常用的化学驱除剂。

此外，危害工业大麻的害虫还有造桥虫、黏虫、蝼蛄、蟋蟀等，一般可参考其他作物的相关害虫防治方法。

第三节　草害及其防治

花叶用工业大麻栽培密度较小，苗期耕地裸露面积较大，且封垄晚，容易滋生各种杂草，如防除不及时容易造成杂草生长爆发，与工业大麻互争营养，影响麻株的生长。同时，部分杂草还是大麻立枯病、灰霉病、大麻跳甲等病虫害的中间宿主，是传播工业大麻病虫害的重要媒介，所以麻田杂草防治不容忽视。

一、大麻田间杂草的主要种类

工业大麻草害与种植地农田生态环境密切相关，不同麻区杂草种类有所不同。云南等麻区主要杂草为三叶鬼针草（见彩图20）、辣子草（见彩图21）、灰条菜（见彩图22）、酸模（见彩图23）、牵牛花（见彩图24）、胜红蓟、野苦荞、空心莲子草等阔叶杂草，以及狗尾草、旱稗、狗牙根等禾本科杂草。黑龙江等麻区主要杂草为蓼、藜、龙葵、苋等阔叶杂草，以及马唐、旱稗等禾本科杂草。山西等麻区主要杂草为杖藜、蒲公英、凹头苋等阔叶杂草，以及狗尾草、马唐、虎尾草、稗草等禾本科杂草。

二、杂草的防治方法

1. 农业防治措施

（1）防止杂草种子传播：①播种前去除种子中夹杂的杂草种子。②使用的有机肥必须充分腐熟，使其中的杂草种子不能萌发。③麻田中的杂草尽量在种子成熟前清除，翌年杂草显著减少。

（2）种植前清除杂草：在播种或移栽前对麻田进行翻耕、灌溉使杂草萌发，然后再翻耕一次，清除萌发的杂草。

（3）改进播种、栽培技术：①改直播为移栽。②前期适量追肥，并进行中耕和人工除草，使麻苗迅速占领生长空间，抑制杂草的生长。

（4）应用覆盖物控制杂草生长：使用黑色地膜、作物秸秆等进行覆盖，阻挡光线透入，抑制杂草萌发。

（5）轮作减少杂草：不同作物生长习性、耕作栽培方式不同，轮作不利于杂草体系的建立，杂草防止效果明显。

2. 生物防治措施

杂草生物防治技术是一项生态友好型、可持续性的农业技术，其中真菌除草剂应用较广泛，如小核盘菌（*Sclerotinia minor* Jagger.）的颗粒制剂可用于防治蒲公英，干酪乳杆菌（*Lactobacillus casei*）的液体发酵制剂可用于防治阔叶杂草，链霉菌（*Streptomyces acidiscabies* Orla-Jensen.）热处理发酵制剂可用于防治农田的一年生阔叶杂草和莎草科杂草等。基于植物化感作用原理，利用一些植物的提取液也可防除另外一些杂草。此外，还可以利用杂草的昆虫天敌控制杂草，如连续多年释放空心莲子草叶甲可基本控制空心莲子草。

3. 化学除草

麻田化学除草具有高效、省工、省时和节约成本的特点,全国各麻区的除草经验表明:①工业大麻对除草剂十分敏感,喷施除草剂时不能直接喷洒在麻苗上,特别是心叶上,苗期一般不宜施用氯氟吡氧乙酸异辛酯、三氟啶磺隆、甲咪唑烟酸等茎叶除草剂。②为达到防除麻田间各类杂草的目的,最佳除草方式是将单子叶杂草和双子叶杂草除草剂组合使用。③云南等麻区,在播种后出苗前,用每亩用50%乙草胺乳油150 g兑水33 kg均匀喷施,对杂草的综合防治效果最好,并且对工业大麻安全。④黑龙江等麻区,在播种后出苗前,每亩用65%异丙甲草胺乳油或40%施田扑乳油200 mL对麻田进行封闭处理,对禾本科杂草和阔叶杂草均有良好的防除效果。⑤山西麻区,大麻幼苗期,每亩用56%二甲四氯钠20 g和8 g/L烯草酮13 mL兑水40 kg均匀喷雾,可以很好地防除麻田的一年生阔叶杂草,并且不影响工业大麻产量。

综上所述,花叶用工业大麻病虫草害的防治包括农业防治、生物防治和化学防治等手段,其中化学防治是目前最常用的方法,然而施用化学试剂必然对环境造成污染,还存在产品农残超标的隐患。因此,为践行"生态农业"的理念,在实际生产中工业大麻病虫草害的防治应首先采用农业防治、生物防治等生态环保的手段,确需采用化学防治手段时也应选择安全、低毒、低残留、低污染的化学药剂。病虫害防治必须遵循"治早、治小、治了"原则,但是,当病虫害引起的损失估计不超过5%时,从生态环保要求和生产成本等方面考虑,可以不进行防治。

参考文献

[1] 陈洪福, 张怀芳. 麻类害虫名录. 中国麻业科学, 1985, 7 (2): 42-47.

[2] 陈文华. 中国原始农业的起源和发展. 农业考古, 2005, (1): 8-15.

[3] 邓纲, 郭鸿彦, 顿昊阳, 等. 环境因子对大麻纤维产量和质量影响的研究进展. 中国麻业科学, 2010, 32 (3): 176-182.

[4] 邓欣, 陈信波, 龙松华, 等. 水肥耦合对不同生育时期大麻株高及生物量的影响. 华北农学报, 2015, 30 (S1): 395-399.

[5] 杜光辉, 邓纲, 杨阳, 等. 大麻籽的营养成分、保健功能及食品开发. 云南大学学报: 自然科学版, 2017, 39 (4): 712-718.

[6] 冯显才, 汪延魁, 郭厚杰, 等. 安徽大麻害虫名录及主要害虫综合防治. 中国麻叶科学, 1995, 17 (4): 40-43.

[7] 高欣, 陈克利. 世界工业用大麻秆制浆造纸工业应用与研究的回顾与展望. 西南造纸, 2007, 35 (6): 7-12.

[8] 龚飞. 汉麻纤维及其应用. 山东纺织科技, 2010, 51 (3): 48-50.

［9］顾永红，王红梅，杨思广．工业大麻栽培技术．云南农业，2019，（8）：81.

［10］关凤芝．大麻遗传育种与栽培技术．哈尔滨：黑龙江人民出版社，2010.

［11］郭鸿彦，刘正博，胡学礼，等．工业大麻种衣剂的筛选．中国麻业科学，2006，28（1）：24-28.

［12］郭鸿彦，杨明，许艳萍，等．旱地工业大麻高产优质栽培技术．昆明：云南民族出版社，2013.

［13］郭鸿彦，张庆滢，郭蓉，等．工业大麻种子 第2部分：种子质量．中华人民共和国农业行业标准：NY/T 3252.2-2018.

［14］韩喜财，韩承伟，赵越，等．黑龙江工业大麻田间杂草防除研究．中国麻业科学，2018，40（5）：219-225.

［15］郝冬梅，龙松华，杨龙，等．工业大麻新品种中大麻1号及高产栽培技术．中国种业，2017，（11）：68-69.

［16］胡万群，杨龙，吕咏梅，等．皖大麻1号的虫害种类及其防治技术．中国农村小康科技，2009，（10）：49-52.

［17］李广生．延年食品长寿之乡——广西巴马瑶族自治县的健康食品．食品与生活，2004，（5）：10-11.

［18］李建一，曹雅忠，张帅，等．小地老虎食诱剂糖醋酒液配方筛选及发酵增效作用．昆虫学报，2019，62（3）：358-369.

［19］李焰，段智涌．大麻织物的舒适性能研究．湖南工程学院学报：自然科学版，2006，16（2）：92-94

［20］刘飞虎，杨明，杜光辉，等．工业大麻的基础与应用．北京：科学出版社，2015.

［21］刘敏，柏海玲，蔡海林，等．几种除草剂对大麻田杂

草的防效.杂草科学,2010,(3):46-48.

[22]刘兴龙.生物防治杂草的研究进展.安徽农学通报,2009,15(12):29-31.

[23]刘英.从布衣到至尊——中华麻的历史演变.青年作家,2009,(7):79-83.

[24]刘正博,杨明,郭鸿彦,等.工业大麻"云麻一号"田间除草剂筛选试验.云南农业科技,2005,(3):22.

[25]卢延旭,董鹏,崔晓光,等.工业大麻与毒品大麻的区别及其可利用价值.中国药理学通报,2007,23(8):1112-1114.

[26]宋宪友.大麻高效除草(封闭)技术研究.中国麻业科学,2012,34(2):81-84.

[27]宋宪友.药剂拌种处理对大麻病虫害的防治.中国麻业科学,2012,34(1):7-10.

[28]孙涛,谢志英,陈燕萍,等.勐海县大麻种植地土壤氮、磷、钾肥力状况初探.云南农业科技,2010,(5):19-20.

[29]汪延魁,徐树芬.大麻小象鼻虫生活习性观察和防治试验.安徽农业科学,1964(2):109.

[30]王德珠,陈建,李宏俊.大麻纤维及其应用.中国纤检,2012,(5):81-83.

[31]王福亮.黑龙江省主要大麻病害的综合防治.吉林农业科学,2009,34(3):44-45.

[32]王丽娜,王殿奎.大麻田中的玉米螟的危害及防治技术.黑龙江农业科学,2008,(6):70-71.

[33]王旭,晏雄.纤维增强复合材料的特点及其在土木工中的应用.玻璃钢/复合材料,2005,(6):55-56.

[34] 邬腊梅,黄勤勤,周小毛.9种除草剂对工业大麻幼芽和幼根生长影响的初步研究.湖南农业科,2016,(6):59-61.

[35] 伍菊仙,杨明,郭孟璧,等.不同栽培措施对大麻酚类物质含量的影响研究.中国麻业科学,2010,32(2):94-98.

[36] 肖自勇,柏连阳,邬腊梅.溴苯腈与精喹禾灵混用对工业大麻安全性的室内试验.中国麻业科学,2018,40(6):277-283.

[37] 辛培尧,何承忠,孙正海,等.短日照处理对大麻开花及性别表达的影响.湖北农业科学,2008,47(7):776-778.

[38] 许艳萍,杨明,郭鸿彦,等.昆明地区工业大麻病虫害及其防治技术.云南农业科技,2006,(4):46-48.

[39] 杨定发,何月秋,赵明富,等.云南省元江县大麻真菌性病害初步记述.中国麻业科学,2004,26(6):281-283.

[40] 杨阳,张云云,苏文君,等.工业大麻纤维特性与开发利用.中国麻业科学,2012,34(5):237-240.

[41] 杨永红,诚静容.大麻的实验分类学研究.中国麻业,2004,26(4):164-169.

[42] 杨永红,黄琼,白巍.大麻病害研究综述.云南农业大学学报,1999,14(2):223-226.

[43] 姚青菊,熊豫宁,彭峰,等.不同生态类型大麻品种在南京引种的生育表现.中国麻业科学,2007,29(5):270-275.

[44] 于文莹,马婧,杨系玲,等.茎点霉属菌株Hf-01作为防治双子叶杂草的微生物除剂初探.黑龙江八一农垦大学学报,2018,30(3):1-9.

[45] 虞剑泉,于修烛,陈兴誉,等.火麻籽及其油的理化

性质研究.中国油脂,2012,37(4):84-87.

[46] 张建春,关华,刘雪强,等.汉麻种植与初加工技术.北京:化学工业出版社,2009.

[47] 张建春,张华,张华鹏.大麻综合利用技术.北京:长城出版社,2006.

[48] 张秀实,吴征镒,曹子余.中国植物志 第23卷第1分册,北京:科学出版社,1998:223-224.

[49] 张云云,苏文君,杨阳,等.工业大麻种子的营养特性与保健品开发.作物研究,2013,26(6):734-736.

[50] 赵铭森,邬腊梅,孔佳茜,等.除草剂混用对大麻田一年生杂草的防除效果.山西农业科学,2017,(45):105-107.

[51] 周永凯,张建春,张华.大麻纤维的抗菌性及抗菌机制.纺织学报,2007,28(6):6-15.

[52] Amaducci S, Scordia D, Liu FH, et al. Key cultivation techniques for hemp in Europe and China. Industrial Crops and Products, 2015, 68: 2-16.

[53] Booth M. *Cannabis*: a history. New York: St Martin's Press, 2003: 1-20.

[54] Callaway JC. Hempseed as a nutritional resource: An overview. Euphytica, 2004, 140(1-2): 65-72.

[55] Cosentino SL, Testa G, Scordia D, et al. Sowing time and prediction of flowering of different hemp (*Cannabis sativa* L.) genotypes in southern Europe. Industrial Crops and Products, 2012, 37(1): 20-33.

[56] Frank M, Rosenthal E. The marijuana grower's guide.

Berkeley: And/Or Press. 1992.

[57] Garcia T, Duran Z, Sanchez C, et al. Seeking suitable agronomical practices for industrial hemp (*Cannabis sativa* L.) cultivation for biomedical applications. Industrial Crops and Products, 2019, 139: 111524.

[58] Hall J, Bhattarai SP, Midmore DJ, et al. The effects of photoperiod on phenological development and yields of industrial hemp. Journal of Natural Fibers, 2014, 11 (1): 87-106.

[59] Hensen B. Cannabinoid therapeutics: high hopes for the future. Discover Today, 2005, 10 (7): 459-462.

[60] Kozlowski R, Manys S. Latest bast fibre achievements. Textile Asia, 1997, 28 (8): 55-58.

[61] Liu FH, Hu HR, Du GH, et al. Ethnobotanical research on origin, cultivation, distribution and utilization of hemp (*Cannabis sativa* L.) in China. Indian Journal of Traditional Knowledge, 2017, 16 (2): 235-242.

[62] Nelson CH. Growth responses of hemp to differential soil and air temperatures. Plant Physiology, 1944, 19 (2): 294-309.

[63] Oomah BD, Busson M, Godfrey DV, et al. Characteristics of hemp (*Cannabis sativa* L.) seed oil. Food Chemistry, 2002, 76 (1): 33-43.

[64] Pierre B, Serge A, Laurent A. HEMP-Industrial Production and Uses. London: CABI International, 2013.

[65] Tang K, Struik PC, Yin X, et al. A comprehensive study of planting density and nitrogen fertilization effect on dual-purpose hemp

(*Cannabis sativa* L.) cultivation. Industrial Crops and Products, 2017, 68: 2-16.

［66］Van der Werf HMG, van den Berg W. The effect of temperature on leaf appearance and canopy establishment in fiber hemp (*Cannabis sativa* L.). Annals of Applied Biology, 1996, 126 (3): 551-561.

［67］Wang XS, Tang CH, Yang XQ, et al. Characterization, amino acid composition and in vitro digestibility of hemp (*Cannabis sativa* L.) proteins. Food Chemistry, 2008, 107 (1): 11-18.

附录 1

云南省工业大麻种植加工许可规定

（云南省人民政府令 2009 年第 156 号令）

第一条 为了加强对工业大麻种植和加工的监督管理，根据《云南省禁毒条例》（以下简称《条例》）的授权，结合实际情况，制定本规定。

第二条 本规定所称的工业大麻，是指四氢大麻酚含量低于 0.3%（干物质重量百分比）的大麻属原植物及其提取产品。

工业大麻花叶加工提取的四氢大麻酚含量高于 0.3% 的产品，适用毒品管制的法律、法规。

第三条 在本省行政区域内从事工业大麻种植、加工的单位或者个人，应当依照《条例》和本规定，取得工业大麻种植许可证、工业大麻加工许可证。

有违反禁毒法律、法规行为的单位或者个人，不得从事工业大麻的种植、加工。

第四条 工业大麻种植包括科学研究种植、繁种种植、工业原料种植、园艺种植和民俗自用种植。工业大麻的科学研究种植、繁种种植、工业原料种植依法实行许可制度；工业大麻的园艺种植、民俗自用种植实行备案制度。

工业大麻加工包括花叶加工、麻秆加工、麻籽加工。工业大麻的花叶加工依法实行许可制度。

未经许可任何单位或者个人不得从事工业大麻的科学研究种植、繁种种植、工业原料种植和工业大麻的花叶加工。

民俗自用种植仅适用于少数民族地区或者边远山区的农户自产自用的工业大麻种植。

第五条 县级以上公安机关负责工业大麻种植许可证、工业大麻加工许可证的审批颁发和监督管理工作。

第六条 申请领取工业大麻种植许可证从事科学研究种植的，应当具备下列条件：

（一）有科学研究种植的立项；

（二）有 3 名以上从事科学研究种植的专业技术人员；

（三）有四氢大麻酚检测设备和检测人员；

（四）有工业大麻种子安全储存设施；

（五）有检测、储存、台账等管理制度。

第七条 申请领取工业大麻种植许可证从事科学研究种植的，应当向省公安机关提交下列材料：

（一）工业大麻种植许可证申请表；

（二）项目主管部门或者上级机关出具的科学研究种植立项批准文件；

（三）营业执照或者单位登记证书；

（四）科学研究种植专业技术人员和检测人员资格证明；

（五）检测设备、储存设施清单及照片；

（六）检测、储存、台账等管理制度文本。

第八条 申请领取工业大麻种植许可证从事繁种种植的，应当具备下列条件：

（一）有经依法登记的工业大麻选育品种；

（二）有不少于 100 万元的注册资本或者开办资金；

（三）有 3 名以上从事繁种种植的专业技术人员；

（四）有四氢大麻酚检测设备和检测人员；

（五）有工业大麻种子安全储存设施；

（六）种植地点周边 3 公里以内没有非工业大麻植株；

（七）有检测、储存、台账等管理制度。

第九条 申请领取工业大麻种植许可证从事繁种种植的，应当向省公安机关提交下列材料：

（一）工业大麻种植许可证申请表；

（二）工业大麻品种权登记证书；

（三）营业执照或者单位登记证书；

（四）繁种种植专业技术人员和检测人员资格证明；

（五）检测设备、储存设施清单及照片；

（六）检测、储存、台账等管理制度文本。

第十条 申请领取工业大麻种植许可证从事工业原料种植的，应当具备下列条件：

（一）工业大麻种子由经过许可的繁种种植单位或者个人提供；

（二）种植面积不少于 100 亩；

（三）种植地点距离旅游景区和高等级公路 1 公里以外；

（四）有台账管理制度。

第十一条 申请领取工业大麻种植许可证从事工业原料种植的，应当向种植地县级公安机关提交下列材料：

（一）工业大麻种植许可证申请表；

（二）营业执照或者单位登记证书；

（三）与经过许可的繁种种植单位或者个人签订的种子供应合同；

（四）种植用地协议或者土地使用证明；

（五）产品种类及产量、销售的年度种植计划；

（六）台账管理制度文本。

第十二条　申请领取工业大麻加工许可证从事工业大麻花叶加工的，应当具备下列条件：

（一）有不少于2000万元的注册资本或者属于事业单位编制的药品、食品、化工品科研机构；

（二）有原料来源、原料使用、产品种类、产品加工的计划；

（三）有专门的检测设备和储存、加工等设施和场所；

（四）有检测、储存、台账等管理制度。

第十三条　申请领取工业大麻加工许可证的，应当向加工地县级公安机关提交下列材料：

（一）工业大麻加工许可证申请表；

（二）营业执照或者单位登记证书；

（三）检测设备、储存和加工设施清单及照片，加工场所的使用证明材料；

（四）原料来源、原料使用、产品种类、产品加工的计划文本；

（五）检测、储存、台账等管理制度文本。

第十四条　公安机关应当自受理工业大麻种植、加工许可申请之日起15日内作出许可决定。作出准予许可决定的，应当在5

日内颁发相应的许可证；作出不予许可决定的，应当书面告知申请人，并说明理由。

工业大麻种植许可证、工业大麻加工许可证上应当注明种植、加工及运输产品的种类、方式等内容。

第十五条　工业大麻种植许可证和工业大麻加工许可证的有效期为2年。有效期满需要延续的，应当在有效期届满30日前向作出许可决定的公安机关提出申请；公安机关应当在有效期届满前作出是否准予延续的决定。

第十六条　从事工业大麻种植的被许可人应当建立种植台账，如实记载下列事项：

（一）种植地点、面积、日期情况；

（二）品种名称、来源、用量情况；

（三）种植产品种类、收获日期及数量情况；

（四）储存、销售、运输情况；

（五）其他重要事项。

从事工业大麻花叶加工的被许可人应当建立加工台账，如实记载下列事项：

（一）加工原料来源和检测报告；

（二）生产品种、数量、工艺、日期；

（三）花叶残留物处理及其责任人员；

（四）产品的运输和销售去向；

（五）其他重要事项。

种植台账、加工台账应当保存3年以上，并接受公安机关的核查。

第十七条　从事工业大麻科学研究种植的被许可人，应当对选育的品种进行安全检测，保证其符合标准，并严防四氢大麻酚高于 0.3% 的大麻材料流失、扩散；发现流失、扩散的，应当及时报告公安机关。

从事工业大麻繁种种植的被许可人，应当在繁种种植期间进行安全检测，并对符合标准的繁种种子使用专门的识别标志；铲除种植地周边 3 公里以内的非工业大麻植株；无法铲除的，应当及时报告公安机关，由公安机关组织铲除。

从事工业大麻工业原料种植的被许可人，应当及时销毁未被利用的花叶，并按前款规定铲除非工业大麻或者报告公安机关。

从事工业大麻种植的被许可人，不得将工业大麻花叶提供给未取得加工许可的单位或者个人。

从事工业大麻花叶加工的被许可人，应当对花叶原料及其提取物实行专仓储存、专人保管、专账记载，及时销毁加工残留物，防止花叶、残留物流失；发现流失的，应当及时报告公安机关。

第十八条 从事工业大麻科学研究种植的被许可人，应当向作出许可决定的公安机关书面报告立项研究情况。

从事工业大麻花叶加工的被许可人，应当每半年向作出许可决定的公安机关书面报告加工生产、储运管理和技术转让情况。涉及商业秘密的，公安机关应当保密。

第十九条 公安机关应当采取下列措施，对被许可人从事工业大麻种植、加工的活动进行监督检查：

（一）向有关人员调查、了解工业大麻种植、加工情况；

（二）现场检查工业大麻种植、加工、储存场所；

（三）查阅、复制、摘录合同、账簿、台账、出入库凭证、货运单和检测报告等有关材料；

（四）提取和检测有关样品、产品。

公安机关在监督检查时发现违法行为的，可以依法扣押有关材料和物品，临时查封有关场所。

第二十条 从事工业大麻种植、加工的被许可人违反本规定，有下列情形之一的，由公安机关责令限期改正，可以处3000元以上3万元以下罚款；逾期不改正的，依法暂扣或者吊销其许可证：

（一）未落实各项管理制度的；

（二）未按规定建立和记载台账的；

（三）未铲除种植地周边3公里以内非工业大麻植株的；

（四）未报告四氢大麻酚高于0.3%的大麻材料流失、扩散情况的；

（五）未报告种植立项研究情况或者技术转让情况的；

（六）未按规定使用种子的；

（七）未按规定及时销毁未被利用花叶或者花叶加工残留物的；

（八）未按许可证载明的种类、方式运输工业大麻种子、原料麻籽、花叶及其提炼加工产品的；

（九）将工业大麻花叶提供给未取得加工许可证的单位或者个人的；

（十）拒绝接受公安机关监督检查的。

第二十一条 未经许可擅自从事工业大麻种植、加工的，公安机关应当采取措施予以制止，可以处5000元以上3万元以下罚款；构成犯罪的，依法追究刑事责任。

农户将民俗自用种植的工业大麻销售给他人使用的，由公安机关责令改正，可以处 1000 元以下罚款。

第二十二条　从事工业大麻园艺种植或者民俗自用种植的，应当向种植地县级公安机关备案。接受备案的公安机关可以参照第十九条规定进行监督检查。

从事工业大麻园艺种植或者民俗自用种植未按照规定备案的，由公安机关责令改正，可以处 500 元以下罚款。

第二十三条　本规定自 2010 年 1 月 1 日起施行。

附录2 彩图

一、工业大麻的雄株和雌株

图1 雄株现蕾期 （刘飞虎 摄）

图2 雌株开花期 （刘飞虎 提供）

二、病害

图 3　霜霉病状　（曾粮斌　提供）

图 4　灰霉病状（茎、花穗、果穗）
（郭鸿彦、杨明，2013）

图 5　白斑病状　（曾粮斌　提供）

图 6　霉斑病状　（引自百度网）

图 7　白星病状
（刘飞虎、杨明，2015）

图 8　立枯病状　（李贤勇　摄）

图9 秆腐病状

(刘飞虎、杨明,2015)

图10 根腐病状 (李贤勇 摄)

三、虫害

图 11　跳甲危害状　（曾粮斌　提供）

图 12　玉米螟危害状
　　（刘飞虎　摄）

图 13　夜蛾　（刘飞虎　摄）

图14 小象鼻虫危害状
（郭鸿彦、杨明，2013）

图15 天牛成虫和幼虫危害状
（刘飞虎、杨明，2015）

图16 蚜虫危害状
（杨阳 摄）

图17 小地老虎
（杨明 提供）

图18 黄翅大白蚁危害状
（许艳萍 提供）

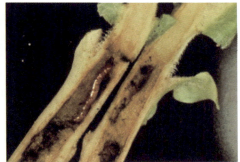
图19 沟金针虫成虫及幼虫危害状 （引自百度网）

四、草害

图20 三叶鬼针草 (刘飞虎 摄)

图22 灰条菜 (杨阳 摄)

图23 酸模 (刘飞虎 摄)

图21 辣子草 (引自百度网)

图24 牵牛花 (朱炫 摄)